厨行天下之四

《中国烹饪》特别推荐

烹饪调味

守庆 著

甜味酸味苦味辣味咸味，五味在这里调味
主味辅味海味野味药味，百味在这里寻味
鲜味香味入味滋味风味，美味在这里回味

中国商业出版社

内容提要

本书是同类图书中首次采用“漫谈”形式，讲述烹饪活动中的调味：酸味甜味苦味辣味咸味，五味在这里调味；主味辅味海味野味药味，百味在这里寻味；鲜味香味入味滋味风味，美味在这里回味。本书可作为职业厨师、烹饪专业院校、烹饪培训班和烹饪爱好者的专业参考书。本书对烹饪行业从业人员和有志于烹饪事业的人士，是一本不可多得的“工具书”和“枕边书”。

图书在版编目（CIP）数据

烹饪调味 / 单守庆著. —北京：中国商业出版社，2010. 6
(单守庆厨行天下系列书系)
ISBN 978-7-5044-6956-4
Ⅰ. ①烹…　Ⅱ. ①单…　Ⅲ. ①调味法　Ⅳ. ①TS972.112
中国版本图书馆 CIP 数据核字（2010）第 125276 字

责任编辑：刘毕林

中国商业出版社出版发行
010-63180647　www. c-cbook. com
(北京广安门内报国寺 1 号　邮编：100053)
新华书店总店北京发行所经销
北京明月印务有限责任公司印刷
*
650×940 毫米　16 开　11. 625 印张　125 千字
2010 年 10 月第 1 版　2014 年 11 月第 2 次印刷
定价：28. 00 元
*　*　*
(如有印装质量问题可更换)

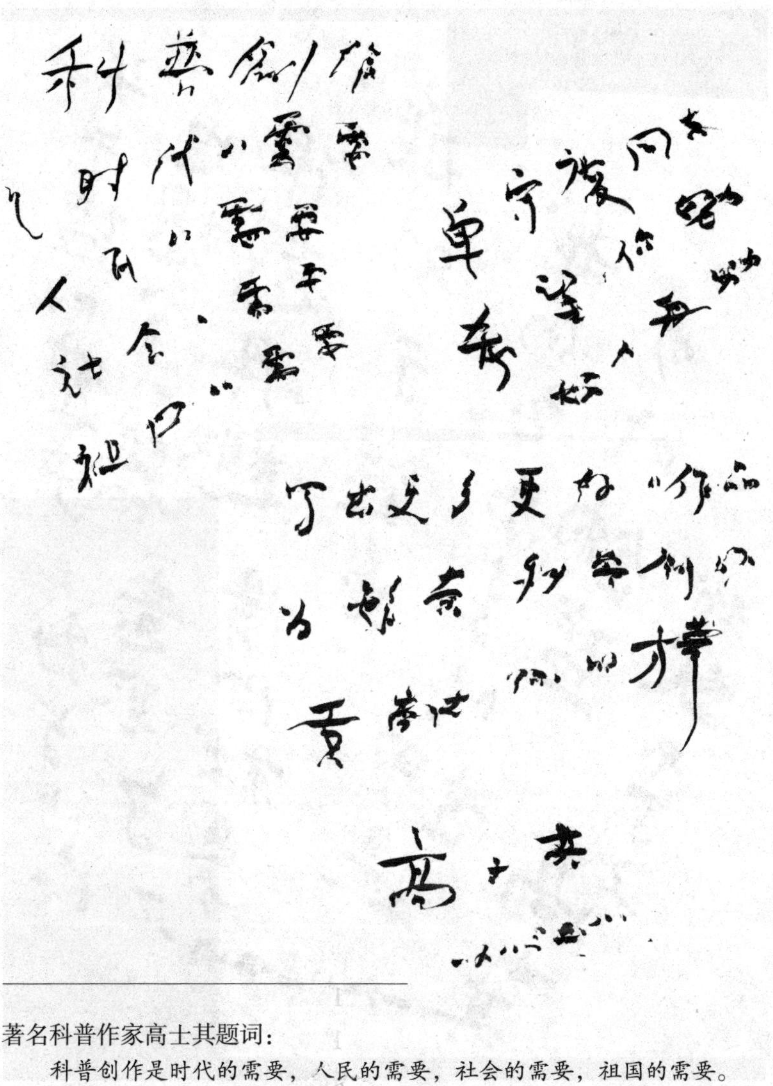

著名科普作家高士其题词：

科普创作是时代的需要，人民的需要，社会的需要，祖国的需要。

单守庆同志，希望你努力努力再努力，写出更多更好的作品，为繁荣科普创作贡献你的才华。

高士其

一九八三. 二. 八

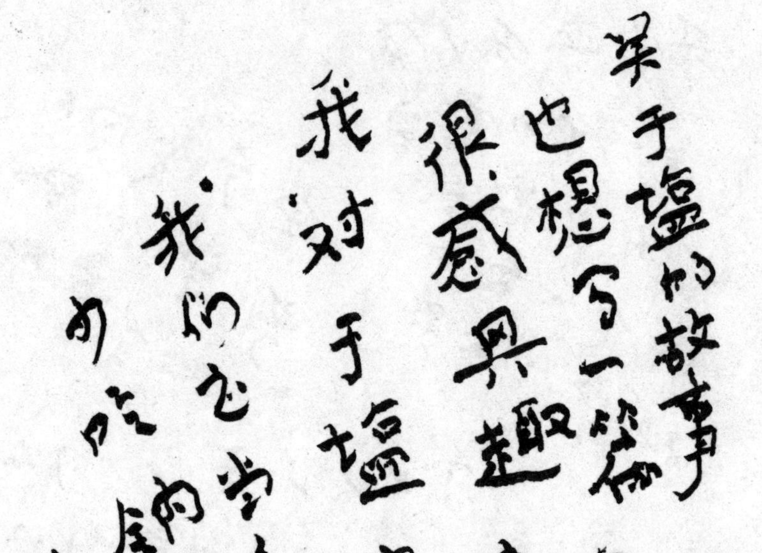

作者于 1983 年 2 月 6 日拜访在北京医院住院的著名科普作家高士其。

高士其是一位传奇式的人物。原名“高仕錤”，自己改名“高士其”——“去掉‘人’旁不做官，去掉‘金’旁不要钱”。毛泽东称他是“中国

著名科普作家叶永烈称高士其为恩师，著有长篇人物传记《高士其爷爷》。叶永烈也是著名的纪实文学作家，现已出版著作200多部。叶永烈对作者的写作影响很大。1990年叶永烈为作者报告文学集《粮食行业漫步》写序。这是作者在上海的叶永烈家中拿到序言时，与叶永烈（右）合影。

红色的科学家”；中共中央组织部授予他“中华民族英雄”称号；国际小行星命名委员会将3704号行星命名为“高士其星”。他20岁时，怀着科学救国的愿望远赴美国求学，在一次实验中感染了甲型脑炎病毒，逐渐全身瘫痪，但却以顽强的毅力完成了医学博士的全部课程。25岁回国，此后的半个多世纪里，他脖颈歪斜，下肢僵硬，腿不能走路，手也时常不能握笔，说话能力和听力都很微弱，却以其独特的写作方式创作了500多万字精美的科普文艺作品。

作者见到高士其时，78岁的高老尚能发出声音，但外人听不清，只能“笔谈”。高士其看到作者在报上发表的《盐之言》、《碘盐自述》等科普文章之后，与作者进行“笔谈”时写道：

我对盐也很感兴趣，也想写一篇关于盐的故事。我们应当多吃钾盐，少吃钠盐。请你就这个意思写一科学小品，我就不写了。

高士其

一九八三. 二. 六

高士其写一个字，秘书移动一下高士其笔下的稿纸。高士其写下的这段话，如果不是当时就按照写字的先后顺序排列起来，现在很难知道哪个字接着哪个字了。

临告别时，高士其在“笔谈”之外，还特意在作者的笔记本上写下这样的话：

科普创作，是时代的需要，人民的需要，社会的需要，祖国的需要。

单守庆同志，希望你努力努力再努力，写出更多更好的作品，为繁荣科普创作贡献你的才华。

高士其

一九八三. 二. 六

高士其的墨迹，作者珍藏了27年。趁本书出版的机会，与广大读者共享。

2009年7月19日，中国食文化研究会、中国商业出版社、中国烹饪杂志社共同主办单守庆“厨行天下”书系研讨会。上图是出席会议的部分代表（左起）：张菲菲、马莉、焦明耀、陈连生、单守庆、孙春明、李小咪、陈学智、王者嵩、褚宏麟、孙启泰、蒋梅、刘毕林。

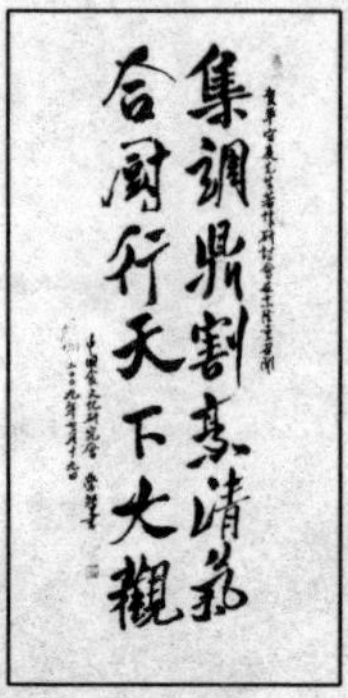

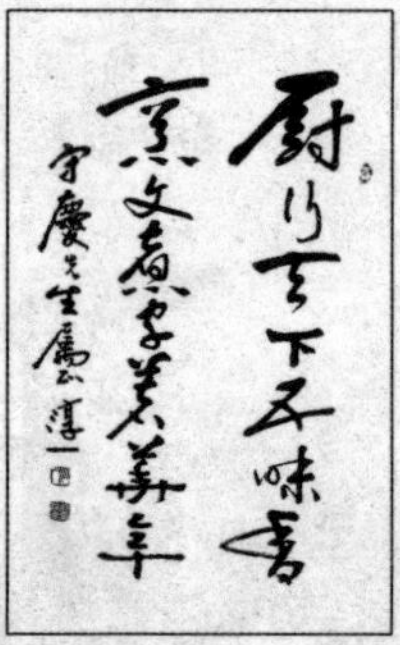

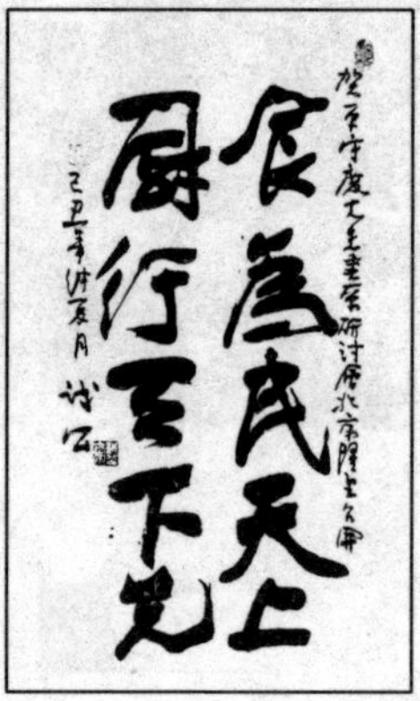

单守庆“厨行天下”书系研讨会引起关注。著名食文化专家学者、中国烹饪大师、中国药膳大师、书画家发来贺电贺信、题词作画，以示祝贺。

中国食文化研究会副会长陈学智教授题词：“集调鼎割烹清气，合厨行天下大观”。

浙江工商大学赵荣光教授题词：“食为民天上，厨行天下先”。

中国药膳研究会副秘书长焦明耀赠画：“乾坤清气”。

书法家淳一题词：“厨行天下五味香，烹文煮字著华章”。

写在前面的话

小　引

“厨行天下”书系之《烹饪调味》，与已经出版的《烹饪刀工》、《烹饪技法》、《烹饪火候》相比，“言犹未尽”的感觉更明显一些。刀工、技法、火候，都可以进行“量化”：切、砍、削、片等刀工，主要有12种；煎、炒、烹、炸等技法，常用的有50多种；大火、中火、小火、微火，包括过度的火候，也不超过10种。可是，调味就不同了，何止“五味”，还有臭味、怪味，还有魔术般变幻的复合味。所以，这本书只是文字上与前几本相当，而调味的内容“还有话要说”，特别是味之地位、味之来历、味之难知，不能不说，也就作为“写在前面的话”，给本书起个“小引”的作用。

一、食以味为先

提到菜肴质量，无论在吃饭的餐桌上，还是在赛事活动的裁判室里，人们特别在意色、香、味、形。有人对此不是很理解，认为这“香”和“味”有重复之嫌——香味不也是味吗?

正确的理解，应该是这样的：

色，是用眼睛审视菜肴的颜色。是否好看？是否耐看？好看又耐看，在感官上就会刺激人的食欲。因此有了“秀色可餐”之说。

香，是鼻子闻到的菜肴的味道。好的菜肴，香气扑鼻，好闻耐闻，也能刺激食欲。历史上曾有不少“知味停车，闻香下马”的美食传说。

味，是用舌头感知菜肴的味道。好的菜肴，味道适口，好吃耐吃，从而刺激食欲。有一本写吃的书，书名就叫《舌尖上的狂欢》。

形，是指菜肴的造型。原料经过加工之后，呈现不同的造型，也有不需加工的原形原状，形好也能刺激食欲。人们通常称形为“品相”、“卖相”。出售菜肴，更讲究“品相”——要有个好的“卖相”。

色、香、味、形，这四个方面，相比之下，味道最为重要。难以下咽，往往是因为味道出了问题；吃了还想吃，常常是因为“味道好极了”。正因为这样，人们才有了“食以味为先”的共识。

一道菜肴，虽然其他方面都合格，可味道不好，也会受到全盘否定。只追求菜肴色泽美、形状美，“中看不中吃”，就失去了食用价值。所以，人们很注重知味、辨味、用味、造味，从而形成了不同的风味体系——菜系。

我国声望较高的菜系有山东菜、四川菜、江苏菜、浙江菜、广东菜、湖南菜、福建菜、安徽菜，统称“八大菜系”，即八种风味。各个菜系的不同风味，反映了不同区域的饮食特征。当然，也有不同菜系的相互融合。比如，京菜是由北京风味、山东风味、清真风味三大风味菜系构成的。

在不同的文化背景之下，还产生了超出地域的多种风味。比如，宫廷风味、寺观风味、家常风味、农家风味、民族风味、清真风味……

风味，《汉语词典》里“泛指事物特色”，《烹饪辞典》则专指“美好的、有特色的口味”。

口味，即食品的滋味。人类有滋有味的饮食生活，是从咸味和酸味开始的。《尚书·说命》记载：“若作和羹，尔惟盐梅。”古人最早使用的调味料，是咸味的盐和酸味的梅。能够进行盐梅“和羹”，就是远古时期最好的美食了。由于人类社会的进步，盐梅之调已不能满足人们的美食需求，就有了“五味调和”的追求：清除异味，突出正味，增加滋味，丰富口味。

古往今来，人们坚持“食以味为先”，既重视烹饪原料的本味，又重视调味料的赋味，更着眼于五味调和，还通过加热效应等变化多端的调味手法，充分发挥味的综合、对比、消杀、相乘、转换等作用，以达到味美可口的目的。

二、美味须经妙手调

据报道，一杯红葡萄酒，在常人口里的味道大致是一样的，但到了品酒师嘴里，每过三分钟，就会感觉到有一种细微不同的味觉，以至能体会到500多种味道。这不得不让人生出几种感慨：一是知味不易；二是调酒不易；三是由此可以想见烹饪调味不易。

善于调味，是中国烹饪的一大特色，也是中国菜系众多，风味迥异，在国际上久享盛誉的原因之一。“首屈一指中国味”，强调“酸而不苦，甘而不太浓，辛而不太辣，淡而有味，肥而不腻”。这样的美味哪里来？数千年的烹饪实践证明：美味须经妙手调。

突出原料本味。鸡、鸭、活鱼、鲜虾、新上市的蔬菜，诸如此类的原料，本身就是鲜味原料或新鲜原料，调味时宜淡不宜重，避免过咸、过甜、过酸、过辣，不让重味调味料掩盖本味，尽可能体现原料本身的美味。对鲜美并伴有腥膻味或其他异味的原料，可通过醋、酒、葱、姜、糖等调味料去除腥膻味，采取焯水等方法去除异味。采取炖、蒸、焖等烹饪技法，也能保持原汁原味。去除了腥膻味和异味，也就起到了突出本味的作用。

调味料宽广。我国用于烹饪的调味料，数量多，品种全。有单一调味料，有复合调味料，还有一些用于调味的中药材。据统计，我国现有调味料上千种。根据调味料的性质、来源、加工方法等，可分为天然调味料、酿造调味料、化学调味料、复合调味料、核酸调味料、原始香辛调味料、西式调味料。根据调味料的用途，还可分为中餐调味料、快餐调味料、西餐调味料、膨化食品调味料、火锅调味料、海鲜调味料等。在营养、卫生、适口、方便的原则之下，调味料正呈现多元发展的格局，特别是复合调味料的发展势头更为强劲。

调味方法细腻。菜肴的不同口味，除了使用不同的原料，采取不同的技法，投放不同的调料，还离不开细腻的调味技法。比如，分阶段调味法：第一阶段，加热前调味，为辅助调味，是用盐、酱油、糖、醋、料酒、姜末等浸渍；第二阶段，加热中调味，为正式定味，是把调料和原料更好地结合在一起，使菜肴入味；第三阶段：加热后调味，为补充调味，是在菜肴成熟时加入调味料，使菜肴口味更为完善。

调味技术高超。使用不同的调味料，虽然有的要对成碗汁，但总体来说，调味料是一样一样添加的。先放哪个，后放哪个，每个放多少，看起来很简单，却包含很多知识、技术、经验。一般来说，要做到“四个准”：一是口味拿得准，这是对厨师调味的基本技术要求；二是比例投得准，调味料用量和比例，对口味影响最大，所以特别强调用量和比例适当；三是时间定得准，在不同时间恰到好处地投入调味料；四是次序放得准，掌握好调味料投放的先后顺序，不能错乱。

调制复合味。复合味是由两种或两种以上调味料加工而成的。尽管现在市场上出售多种复合调味料，但厨师也应掌握调制复合味的技术，做到得心应手。比如，使用泡椒、葱、姜、蒜、糖、醋等调成鱼香味；用胡椒面、醋调成醋椒味；用花椒、辣椒调成麻辣味；用酒糟、绍酒调成香糟味；用多种调味料调成怪味。名厨大师亲手调制的复合味，不仅能改善和丰富菜肴口味，还能给菜肴增加鲜艳的色彩。

三、鲜能知味也

“人莫不饮食，鲜能知味也。”这是2000多年前孔子的感慨。人人都吃饭，却很少有人能真正品出滋味。不知味的原因，关键是缺乏“知味”的能力。知味就要辨味、评味、赏味。从事烹饪工作，就更应该“知味”。烹饪调味，既有传统的技艺绝活，又有广阔的创新空间，是一个很复杂的研究领域和实践活动。

早在1916年出版的《清稗类钞》中，就曾写及不同国家“知味”的情形：“西人尝谓世界之饮食，大别之有三。一是我国，二是日本，三是欧洲。我国食品宜于口，以有味可辨也。日本食品宜于目，以陈设时有色可观也。欧洲食品宜于鼻，以烹饪时有香可闻也。”

此书出版 70 多年之后，各国的烹饪调味专家相聚日本东京，参加 '88 泛太平洋地区饮食服务国际研讨会，一位西方代表的发言，与《清稗类钞》那段“知味”的话，意思相同：“日本人用眼睛吃饭，法国人用鼻子吃饭，只有中国人懂得用舌头吃饭。”

中国人对于味，不仅眼观耳闻，更在于舌头的品味，对烹饪调味有着更广泛、更深入的研究。远在 3000 多年前的商代，就有了伊尹对烹饪调味的精辟论述：“调和之事，必以甘、酸、苦、辛、咸，先后多少，其齐甚微，皆有自起。”烹饪调味一直为饮食行业所重视，名人名言不断：“口之于味也有同嗜焉”，“味不过五，其味不可胜尝”，“五味令人口爽”，“味之精微，口不能言也”。

明清以后，我国出现了“鲜味”的说法，并逐渐成为评价中餐的独特视角。可是，西方人只知道香，而不承认鲜。在西方文字中没有对应“鲜味”的词汇，通常把鲜味剂说成“滋味增效剂”。在英语翻译时，常将鲜味译成 delicious，其实，delicious 的原意是涉及味觉、嗅觉和幽默感的味道。日本一些食品学家力主鲜味是独立的基本味，他们进行了许多卓有成效的科学实验，认识了各种鲜味剂的化学结构，肯定了氨基酸和某些核苷酸的鲜味效果，但目前还没有发现人类口腔内对氨基酸类鲜味剂的敏感部位，不像味蕾能感知酸甜苦咸、末梢神经能感知辣、舌面收敛感能感知涩。对于鲜味的奥秘，还有待于人们去探索……

目前，调味料在我国正呈现营养化、多样化、方便化、礼品化的发展趋势，而且已经打破了“地产地销”的传统格局，上海的“川崎调料”、西安的“阿香婆酱”、天津的“蒜蓉辣酱”、四川的“川菜调料”、广州的“增鲜调料”，都能在更大范围与消费者见面。而且，还有不需要调制的指定菜肴调味料：“麻婆豆腐调味料”、“鱼香肉丝调味料”、“凉拌菜调味料”……

使用调味料的重要性，袁枚在《随园食单》里作过十分形象的描写：“厨师之作料，如妇人衣服首饰也，虽有天姿，虽善涂抹，而敝衣褴褛，西子亦难以为容。”调味料的推陈出新，调味技法的难以数计，菜肴口味的传承与创新，无不令人感慨于烹饪调味这门科学的博大精深。

拿在读者朋友手上的这本《烹饪调味》，但愿能读出点食物的滋味，生活的巧味，文化的韵味，历史的趣味……

目 录

CONTENTS

写在前面的话 ……1

1 | 百人吃百味 ……1

2 | 话说“众口难调” ……5

3 | 五味调和百味香 ……10

4 | 南甜北咸的“甜” ……15

5 | 甜味菜谱 ……19

6 | 糖，“用以提鲜却不觉甜” ……24

7 | 酱：百味之将 ……29

8 | “不得其酱不食” ……33

9 | 烹调中的酱调料 ……38

10 | 从动物油到植物油 ……43

11 | 添油加醋 ……48

12 | 油多不坏菜？ ……53

13 | 香味，是美味的升华 ……58

14 | 臭味，同样不可或缺 ……63
15 | 怪味，其实不奇怪 ……68
16 | 本味中的苦味 ……72
17 | 异味中的苦味 ……76
18 | 美味中的苦味 ……80
19 | 五味调和醋为先 ……84
20 | 醋也酷 ……89
21 | 酸菜，酸梅，酸溜溜 ……94
22 | 调味“四君子” ……98
23 | 辛与辣 ……102
24 | “变态辣”还是正常辣? ……106
25 | 盐是百味之王 ……111
26 | 别用错了盐 ……115
27 | 一盐调百味 ……120
28 | 味精：第一代菜肴增鲜剂 ……124
29 | 味精使用的宜与忌 ……129

30 | 天下第一鲜 ……133

31 | 鸡精：有鸡还是无鸡？ ……138

32 | 从鸡肋之味到复合调味 ……142

33 | 品味调味品 ……146

附 录

在单守庆“厨行天下”书系研讨会上的讲话……孙启泰 152

集割烹清气 合天下大观 ……陈学智 155

贺 信 ……邵万宽等 159

后 记 ……161

1

百人吃百味

俗话说“百人吃百味”。“味”，指味觉，即食物入口之后的感觉。这种感觉的区别，在于“可口”或“不可口”。一种菜肴，多人吃过之后，因个人口味的不同，便有人觉得可口，有人觉得不可口，有人觉得还可以。

这众所不一的评说，不仅仅是“说咸道淡”、“谈酸论辣”、“呼苦喊甜”，而是包括多种味觉：甜酸苦辣咸引起的化学味觉；口感、咀嚼感、质感引起的物理性味觉；色泽、形状、用餐环境引起的心理味觉。所以，“可口”或“不可口”的评说，就成了对烹饪调味的“说长道短”——味的好坏是非。

这番“说长道短”，各有各的理由。

聪明的厨师都知道“百人吃百味”，也就不与“说长道短”者理论，而是采取“看人下菜碟”的办法——在烹饪调味时照顾各地人的口味特点：

山西人爱吃酸味；四川、湖南人爱吃辣味；江浙人爱吃甜味；湖北、西北人爱吃咸味……由于各地物产状况、地理条件、气候因素、民族特点、风俗习惯迥然有别，因而形成了不同的口味要求。一位名厨在谈到他的名厨秘笈时说，我作菜没有什么诀窍，就是“投其所好”，懂客才是技术，满意就是标准。

在“南甜北咸，东辣西酸”区域性口味特征的基础上，形成了被社会公认的“帮菜”：广东菜称“广帮菜”、四川菜称

“川帮菜”、扬州菜称“扬帮菜”、本地菜称“本帮菜”。在“帮菜”的基础上，从20世纪50年代开始，“菜系”逐渐代替了“帮菜”的提法，先是“四大菜系”：川菜、鲁菜、粤菜、苏菜；后又“八大菜系”：川菜、鲁菜、粤菜、苏菜、闽菜、浙菜、湘菜、徽菜；再后来还有“九大菜系说”、“十二大菜系说”。近年来，人们在“菜系”之外，又直呼地名加个“菜”字：东北菜、西北菜、中原菜、北京菜、山西菜、上海菜、江淮菜、江西菜、胶东菜……

大到各个菜系，小到地方风味菜，都有各自的味型。拿川菜来说，就有麻辣味型、椒盐味型、酸辣味型、家常味型、鱼香味型、五香味型等20多种。

“千滋百味”这个形容词，不只适用于菜肴，也能反映出主食的口味多样化。

早在唐代，就有人在《食谱》中介绍了一种“多味馄饨”：用24种馅料，制成24种不同口味的馄饨。如今，驰名中外的“西安饺子宴”，在口味上打破了通常用猪牛羊肉和蔬菜做馅的传统，用料广泛，按照肉香型、酱香型、果香型、素香型等口味，形成了三百多种搭配组合。据说，如果一天吃一种饺子，要一年的时间才能品尝完“西安饺子宴”的全部花色品种。

通常认为口味单一的米饭，其实同样能花样翻新。早在唐代就有了黄米饭、大麦饭、菰米饭、青精饭、乌饭、团圆饭、王母饭。1946年2月，住在延安王家坪的毛泽东，曾用他命名的“金银元宝饭”招待一位老木工。有一天，毛泽东住的窑洞窗户坏了，一位60多岁的老木工将窗户修好之后，正是午饭时间，毛泽东留老木工一起吃饭——“金银元宝饭”。这饭，就是小米掺了一点大米，还有几块红薯。毛泽东对老木工说："我这'金银元宝饭'，小米为金，大米为银，这一块块红薯，就是金元宝。味道不错。吃了，四季发财!"听了毛泽东的话，老木工乐不可支，无拘束地吃了起来。"金银元宝饭"，也是"三米饭"——大米、小米、红薯。红薯，既是粮食又可做菜，粮菜兼用，常被列入"粮油篇"，写入"杂粮"的花名册。多数时候，毛泽东只吃"二米饭"。所谓"二米"，就是两个品种的组合，这些品种包括大米、小米、玉米、红豆、绿豆、红薯、百合、芋头等。如果是小米和大米的组合，一黄一白，毛泽东称之为"金银饭"。

饭好吃，人们常用"味"来评价："真有饭味"；菜可口，人们也常用"味"评价："这菜真有味儿"。饭菜之"味"，主要来自三个方面：一是来自原料本身的味道：米香味、面香味、糟香味、酒香味、酱香味，等等；二是运用调味料的化学性质，巧妙组合，把单一味变为复合味。例如，糖醋味、五香味、麻辣味、酸辣味、香辣味、微辣回香的红油味、咸甜酸辣香都有的鱼香味、咸甜麻辣鲜香诸味俱备的怪味。三是来自烹饪的其他因素，特别是火候。一块生肉，是嗅不出来香味的，但只要加热到一定程度，就能飘出香味。

正是由于味的无穷变化，人们常说"百菜百味"、"五味调和百味香"，也常用"百人吃百味"来表达人们对口味要求的多样化、个性化。

于是，也就有了"众口难调"之说。

2

话说“众口难调”

因为“众口难调”，也就更加凸显烹饪调味的重要。将“众口难调”的内容付诸文字，写出烹饪调味的是是非非，同样不是一件轻松的事。在写作此文之前，笔者曾多次到书店、书市“选料”，光是那些书名，就足以“够味”：《多味的餐桌》、《口腔里的中国人》、《舌尖上的狂欢》……

站满书架的图书，恰似在千方百计满足读者的阅读“口味”。也正是由于人们饮食口味的需要，改革开放之后，先是出现了“粤菜北伐”，后又出现了“北菜南下”。“我和你，心连心，同住地球村”，也就有了“在北京，吃世界”的美食天地。各地大大小小的饭店，经营着不同的菜系、不同的地方风味菜肴，人们尽可选择可口的，使“众口”不再“难调”。与此同时，为了满足人们“吃出健康”的饮食要求，厨师队伍也发生了深刻的变化，“工匠型厨师”正向“营养型厨师”转变。厨师不但讲营养，也讲烹饪调味与饮食养生的紧密结合。挖掘和开发“营养餐”、“养生菜”，目的就是要解决“众口难调”的问题。越来越多的厨师不仅在调味技术上勤学苦练，还向古今饮食保健学请教，潜心探究“五味所入”，让人们既享受美味，又能健身养生。

早在战国时期，《黄帝内经》就曾提出“谨和五味”。因为“饮食五味可以养生，饮食五味太过又能损伤人”。

《黄帝内经》是我国现存最早的医学经典。内中写道：“酸入肝，辛入肺，苦入心，咸入肾，甘入脾。”这是根据食物对人体生理、病理所产生影响的归纳。所以，“谨和五味”之时，就应该注意：

“酸入肝”——味过于酸，肝气以津，脾气乃绝。

“辛入肺”——味过于辛，筋脉沮弛，精神乃央。

“苦入心”——味过于苦，脾气不濡，胃气乃厚。

“咸入肾”——味过于咸，大骨气劳，短肌，心气抑。

“甘入脾”——味过于甘，心气喘满，色黑，肾气不衡。

这也就是说，烹饪调味要尽量适应人体对各种营养成分的需要，应强调饮食多样化，饮食不能偏嗜。饮食五味太过或不足，都会造成营养失衡，偏盛或偏衰，因“味”致病。

人体对味的需求，也因为季节而“随时”变化。有一位厨师朋友，潜心研究调味，在他的“调味笔记”中，摘录了中国中医研究院专家的“五味要适时”：“春宜省酸嗜甘以养脾，夏宜省苦增辛以养肺，秋宜省辛增酸以养肝，冬宜省咸增苦以养心，四季省甘增咸以养肾。”

看来，“难调”的“众口”，对烹饪调味并非没有共性要求。除了“五味”与健康、“五味”与季节，对“味要正，味要美，味要有特色”的要求，也是众口一词。

味正，就要去除异味——除味。海鲜原料中的内脏、鳞、腮、血液、黏液等，都会产生异味，通常采用刮鳞、去腮、洗净血液和黏液的措施。有人以为这样处理之后，菜肴就可以“味正”了。其实，这只是除味的“初级阶段”。擅长制作海鲜菜肴的厨师，将这种“初级阶段”称为“初步加工”，接下来还有原料的进一步除味和烹调过程中的除味：用盐、醋搓洗海鲜原料，彻底去除黏液；用葱姜汁、料酒、白醋等“味水”浸泡海鲜原料；对海鲜原料进行焯水或过油；通过增香去除异味；用高汤煨制；用葱、姜炝锅，煸出香味，去除异味。

味美，就要精于调味——提味。菜肴口味确定之后，主调味料和其他调味料的比例要恰当，投放调味料的顺序要得当，增鲜味的调料最后放。制作胶东名菜“天井海参”，当地厨师通过创新技法，增强提味效果，使菜肴口味大为改善。因为海参本无味，略带腥味，先采用鲁菜传统技法，加入油、酱油、大葱等，将海参烧制入味，取出放入盖碟中。锅里另加鸡汁或上汤等调味料，勾稀芡，浇在海参上。这样制作，虽然比传统技法多了“另勾芡”和“浇汁”的工序，却起到了提味的作用，又解决了原汤汁勾芡“芡汁过浓”和“菜肴油腻”的问题。

味有特色，就要滋味到位——入味。选用相应的调味料，添加必要的顺味辅料，通过恰当的火候，使之完全融入原料之中。烹制肉质老、腥味重的加吉鱼，将鱼用纱布包好，与鸡肉、牛肉放到一起，加入高汤，小火炖制，让鲜味入鱼，最后加入调味料烧制成菜，味入肌里，鲜美异常。制作海鲜菜肴，适当添加马蹄、芦笋、萝卜、山药、菜心等顺味辅料，既清爽解腻，又入味得当。制作鱼丸，传统技法是加水上劲、加肥肉去腥，而采用鱼馅加入酱油或花椒水或鸡蛋液等新工艺，去腥膻，增鲜香，效果更为明显。

人们有理由相信，只要抓住“众口难调”中的共同点，再满足口味上的个性化需求，“求大同，存小异”，就能制作出营养美味的菜肴，由“众口难调”变成“齐声叫好”。

这也好比央视春晚的“年夜饭大餐”，当赵本山成为“东方不败”的“小品王”时，人们也没有忘记陈佩斯表演的小品，无论是吃面条，还是吃羊肉串，也都博得满堂彩。最近，作家叶永烈等知名人士，还专门撰写文章，呼吁陈佩斯重返央视春晚舞台。每年的央视春晚一结束，“众口难调”这个词出现频率极高。

“众口难调”已不只是饮食口味的专用词语，也有了外延。从物质的到精神的，真可说是“众口难调年年调”。

3

五味调和百味香

3 五味调和百味香

早在3600多年前的商代，烹饪大师伊尹就对调味有过精彩的论述，《吕氏春秋·本味篇》记载他说过："调和之事，必以甘、酸、苦、辛、咸，先后多少，其齐甚微，皆有自起。"意思是说，甜、酸、苦、辣、咸，这五种调味料，放多放少，谁先谁后，差别虽很小，但却很有讲究。

从此，《吕氏春秋》的《本味篇》，成为讲味最早的烹饪古籍。

从此，甜、酸、苦、辣、咸，成为各自独立存在的基本味，也称"单一味"。

一、甜味。甜味调料主要有砂糖、冰糖、饴糖、蜂蜜。食糖能解腻提鲜，使菜肴口味适中。制作红烧肉或卤肉时，加些冰糖，肉会更加油润色亮。蜜拉肉、水脆油，这两道菜肴，虽然都以肥膘肉或猪板油为原料，但吃的时候却不腻口，那便是蜂蜜的作用。

二、酸味。酸味调料主要有白醋、熏醋、红醋、酸梅。醋能增加菜肴的酸味，还有去腥解腻的作用。肥腻的菜肴，加些醋或蘸醋吃，就会觉得不腻。搅拌色拉时，油加不进去，滴些白醋，蛋黄就会继续吃油，而且色泽白亮。制作酥鱼，加适量醋，不但味美骨酥，而且能分解骨中的钙质，有利于人体吸收。

三、苦味。苦味调料主要有陈皮、苦杏仁、枸杞、黄芪、白豆蔻、淮山药。苦味一般不为人所喜爱，但某些带苦味的调料可使菜肴具有特殊的鲜香味和食疗滋补作用。

四、辣味。辣味调料主要有辣椒、胡椒、生姜、咖喱粉、芥末。带辣味的菜肴可刺激味觉，促进食欲。

五、咸味。咸味调料主要有盐、酱、酱油。食盐为百味之首，素有“好厨师一勺盐”之说。盐能使原料流失部分水分，还能起到抑制细菌的作用。

这五种基本味，就像构成物质的基本元素那样，被称为调味料的“母味”——百味之母。

有了这五味，就可以调制出很多种不同的味：

在浓度15%的糖水中加入0.1%的食盐，糖水会显得更甜。面案厨师制作甜点时，经常利用这个“要想甜，加点盐”的窍门。

砂糖加醋，就会出现新的味道——甜酸味。单一的甜味和酸味调制生成的甜酸复合味，由于分子间只是游离状态的相互并存，有一种“咧烈”的感觉。

砂糖加醋再加盐，那种“咧烈”的感觉就会消失。因为酸加盐之后，生成的新酸和新盐，能将原来的味道融合，变得更适口。

咸、甜、酸、辣四种味合并一起，再加入小佐料，就会生成鱼香味。

醋与胡椒、辣椒调合，就会生成酸辣味。

醋、糖、酱油、辣椒调合，就会生成怪味。

如此等等，五味调合，调味料互变转化，于是就有了“五味调合百味生”、“五味调合百味鲜”、“五味调合百味香”

的说法。

调味的原则，就是要根据原料的性质、食用者的口味、季节和菜肴的种类进行操作。

根据菜肴调味，也就是视菜肴的风味要求进行调味。传统精品名菜，要保持原有的特色，调味时要一丝不苟；创新菜在口味上没有旧模式的约束，但要充分考虑菜肴所用原料、所适合的季节、消费对象等因素，进行综合分析，以便科学地确定菜肴味道，并选择合适的调味方式，以适口可人为原则。

依据原料调味。对本身味好的原料，调味不宜太浓，防止破坏了原料的自然美味；对本身味道欠佳的原料，特别是带有腥臭臊苦涩味的原料，要掩盖或转化原料的本味，调味宜浓一些，多采用香辛料；对本身无味的原料，要为原料补充味道。海参、鱼翅、燕窝之类虽然名贵，但不补充鲜美的滋味，吃起来也会味同嚼蜡。

依据季节调味。春夏季气温较高，调味原则是以清淡为主；秋冬季节气温较低，调味原则是以浓郁为主。

遵循调味原则，调制出来的“鲜”和“香”，是两种滋味，自成体系。

鲜味，是在盐的作用下定味，又与咸不同。传统的鲜味源于畜禽肉熬制的汤汁，在滗去油脂之后，鲜香淳厚的汤汁，便可作为调味品使用。现代烹饪则多以味精、鸡精等调味品增鲜，它们的化学名称叫“谷氨酸钠”。

在香味中，花椒、大料、酒等辛味调味料的作用较大。香味靠酶的作用挥发出来，能冲淡腥膻气味，提高食品质量。

人们在调味实践中，对增鲜的调味料，直呼“鲜味调味料”，而对增香的调味料，则称为“香辛调味料”。“香”字的后面，为什么要加一个“辛”字呢？

原来，“香辛料”，也称“香辣料”，过去是带有明显地域特色的调味品，如今已变成广为接受的调味品，应用于餐饮和食品加工之中。还值得注意的是，香辛料改变了一种或几种调味料经研磨加工而成的粉末状，而是添加了咸味、鲜味、甜味等调味料，辅以现代调香技术，加工成新型复合香辛料。例如，调味品专家新近推荐的香辛料配方，所用原料达20种：味精、食盐、白砂糖、呈味核苷酸二钠、干贝素、酱油、酵母抽提物、辣椒粉、海椒粉、花椒粉、八角粉、小茴香、丁香粉、桂皮粉、肉蔻粉、香味粉、肉桂粉、肉精粉、隆泰、抗结剂。

可见，香味含有鲜味在内的多种调味料。难怪调味专家说：香，是美味之魂；香，是美味的升华。

古人将鱼、羊合为“鲜”字。其实，这个“鲜”字，在很大程度上是由鱼肉和羊肉的香味造就的。

所以，本文以“五味调合百味香”作为标题。在笔者对本文进行最后的修改时，正值2009年春节。街上一家饭店的大红对联赫然入目：

米也面也肉也鱼也鸡也，一粥一饭当思来之不易

酸乎甜乎苦乎辣乎咸乎，一点一滴务求恰到好处

这下联，说的是五味调和的量——一点一滴。这也正是“五味调和百味香”的关键之所在。凛冽的寒风中，笔者掏出笔和纸，将这幅对联抄录下来……

4

“南甜北咸”的“甜”

谚语“东淡西浓，南甜北咸”，寥寥八个字，涉及的地方却是“九百六十万平方公里”。在地大物博的中国，东西南北，各地的菜肴口味不同。我们不妨先说说“南甜北咸”的“甜”。

甜是人们饮食生活中的“五味”之一。提到甜，首先想到的，往往就是糖，因为糖是消费量最大、应用最为广泛的天然甜味剂。南方菜肴比北方甜，有地理、气候等多种因素，也与我国糖业生产始于南方不无关系。

我国是世界上制糖最早的国家之一。甘蔗制糖已有两千多年的历史。

战国时期，甘蔗汁是祭品之一，称为“拓浆”，是用甘蔗榨出的糖汁，尚未形成糖的结晶体。

汉朝开始，甘蔗榨汁之后，通过太阳蒸发，浓缩成饴，再制成糖块。对这种糖块，人们有个很形象的比喻：“石喻其形，蜜喻其味。”

南朝齐梁时期，医学家陶弘景在《名医别录》里写道：“取汁为沙糖，甚益人。”这是我国首次出现“沙糖”这个名词。那时的“沙糖”，就是如今“砂糖”的雏型。

唐朝，我国的产糖地区，由广东、福建扩展到四川、湖南一带。

宋朝，王灼写出我国最早的制糖专著《糖霜谱》，书中提到：“甘蔗所在皆植，独福建、番禺、广汉、遂宁有冰糖，而遂宁为冠，四群所产皆颗碎，色浅味厚，比遂之最下者。”由此可见，广东、福建自然条件优越，制糖工艺先进，也进一步证实了南方是我国食糖的发祥地。

明代，李时珍的《本草纲目》，对制糖方法和产品种类作了详细记述：“以蔗汁过樟木槽，取而煎成，清者为蔗饧，凝结有沙者为沙糖，漆瓮造成如石如霜如冰者，为石蜜、为糖霜、为冰糖也。”

进入16世纪以后，开始“南糖北运”，糖成了南北交流的主要商品之一。据《天津县志》记载，1684年，天津沿海逐渐繁荣，当时广东、福建海船北上，运载的货物主要是糖、茶、纸和各种果品。很多江浙商人还把台湾的盐运到天津销售。从南方到北方，参与食糖流通的人，一天比一天多。新中国成立之前，天津一直是北方食糖的集散中心，辐射四面八方，销往东北、内蒙、山西等地。

“靠山吃山，靠水吃水”，率先生产食糖的南方人，人均食糖量高于北方地区，“南甜北咸”的地域饮食差异，沿续至今。“南甜”，“甜”到什么程度呢？

笔者查到一组20多年前的数据：1987年，我国人均食糖量6公斤。其中上海16公斤，广东12公斤，辽宁5公斤，山西4公斤。

这组数据是由当时经营调味品的商业部门统计的。虽然有“数字比文字更有说服力”的说法，但在作家和美食家汪曾祺的笔下，对“南甜”的描述和评论，要比数字生动得多。他在《五味》中这样写及广东人的“南甜”：“广东人爱吃甜食。昆明金碧路有一家广东人开的甜品店，卖芝麻糊、绿豆沙，广东同学趋之若鹜。‘番薯糖水’即用白薯切块熬的汤，这有什么好喝呢？广东同学曰：‘好嘢！’”他还在《五味》中写及无锡人的“南甜”：“都说苏州菜甜，其实苏州菜只是淡，真正甜的是无锡。无锡炒鳝糊放那么多糖！包子的肉馅里也放很多糖，没法吃！”

汪曾祺写过不少关于吃的散文，还有《故乡的食物》系列、《四方食事》系列，可他的这篇《五味》，笔者却是在《南人与北人》这本书里看到的。《南人与北人》是一本“研究各地中国人性格和文化”的书，收入鲁迅、余秋雨、贾平凹等名人的文章。善于写吃的汪曾祺，便有《五味》、《四方食事·口味》入选。

“南甜北咸”，吃喝大事，众人皆知。在《南人与北人》的其他文章中，也常有“说甜道咸”的文字。比如，杨东平在《上海人与北京人》的文章里说：“上海人和北京人，在人格特殊性、典型性上，正是南北两地文化的恰当体现。”他对上海人与北京人的身高、体重、相貌、血型等诸多方面进行对比分析，其中也包括了“南甜”的口味特征：江浙一带的南方人，“吃大米和甜糯的食物”，“喝燕窝汤，吃莲子”。

甜，也称甘。由甘的味觉感受引申开去，“甘”又有令人满意、自愿、乐意的意思。比如，甘愿、心甘情愿、不甘落后。用“甘”组成的词汇，几乎都有味觉的内涵。比如，甘露、甘泉、甘蔗、甘美、甘甜、甘旨、甘之如饴。

在南方人家里，摆上一碗名为“莲子福圆汤”的甜羹，主人们常常会想起一首《甜蜜蜜》的老歌——向往甜蜜的感觉，仿佛那就是生活的最高境界。南方人的甜食，从嘴甜到心，甜味菜肴和甜味文化同样发达。

5

甜味菜谱

打开当今五光十色的菜谱，不论南方还是北方，甜味菜肴的名字无处不在：白糖锅巴、甜皱纱肉、蜜汁百合、拔丝土豆、什锦菠萝盅……

其实，在北方人的餐桌上，并非一味追求“不咸不得味”，也越来越在意“甜蜜蜜”带来的“美滋滋”！

甜味在北方也受宠。这得益于古代的“南糖北运”，得益于改革开放以后出现的“粤菜北伐”、“南菜北上”，得益于烹饪技术比赛等厨艺交流活动，得益于烹饪图书和报刊、电视、广播、网络等各种媒体对甜味的宣传。

就在写作这篇《甜味菜谱》时，笔者的电脑桌上，有一本很重要的参考书《风味甜菜 150 种》。这是一本只有 150 页的小 32 开本的书，也是一本司空见惯的菜谱书。然而，它却有着力透纸背的分量：一是从编写和出版，走的是“南甜北上”之路，作者是南方的上海人，出版社是北京的金盾出版社；二是专业人士编写的专业书，书中的“甜菜概述”、“甜菜制作实例”，均出自特级烹饪技师阮汝玮先生笔下；三是 1994 年 12 月第 1 版，1995 年 6 月第 2 次印刷，仅半年时间，就一印再印，可见其受欢迎的程度。

也是在写作这篇《甜味菜谱》的时候，笔者还查阅了一本 30 年前的“老菜谱”——《北京饭店名菜谱》（北京出版社，1979 年 10 月）。创建于 1900 年的北京饭店，是新中国国务活动和外事接待的重要场所，具有相当高的政治地位，接待国内外名人无数。名人名吃在这里汇聚。哪些名吃能编入这个名店的“名菜谱”呢？笔者高兴地看到，冰糖鲜莲、蜜汁柚子、雪山核桃酪等22道甜味名菜，一一亮相，以“甜菜类”出现在目录之中。

在每道甜菜的菜名之下，就像国宴厨师在面对面地演示甜菜制作，讲解“原料数量”、“烹调过程”、“甜菜特点”，对某些甜味菜肴还特别加以说明。例如，干蒸莲子，用于宴会中最后的甜菜；冰镇葡萄，酸味的葡萄不宜作此菜；雪山核桃酪，藕粉不能冲得过稠或过稀；八宝饭，最后撒上的白糖，如果化成糖水浇上，则叫“水晶八宝饭”。

甜味菜肴，在各大菜系和各地风味菜肴中，都理所当然地占有一席之地：江苏的“琥珀莲子”、“蜜饯捶藕”，浙江的“蜜汁大方”、“桂花鲜栗羹”，上海的“夹沙香蕉”、“杏仁豆腐”，广东的“时果西瓜盅”、“莲子鲜奶露”，四川的“玫瑰锅炸”、“八宝酿梨”，山东的“西瓜蜜冻”、“琉璃桃仁”，吉林的“拔丝地瓜”、“挂霜白果”，宁夏的“枸杞银耳”、“松仁莲子泥”……

从南方到北方，甜味菜肴旺销热卖。它的“卖点”，在于独特：

原料选择独特。以植物性原料为主，尤其偏爱水果、干果、根茎类蔬菜。原料广泛。甜菜上桌，可减少动物性原料比重，有利于营养平衡。

烹饪技法独特。除利用常规的煎炒烹炸等技法之外，甜味菜肴还有拔丝、挂霜、琉璃、蜜汁等专用的技法。

口味独特。口味统一在甜味或甜香味的基础之上，对调节宴席口味具有重要作用。

宴席气氛独特。用筷子夹起拔丝菜肴，糖浆如丝如发，晶莹闪烁，令人赞叹不已，能活跃宴席气氛。

食用方法独特。不同的甜味菜肴，不同的吃法：拔丝、蜜汁、蒸、炒类，热吃；挂霜、琉璃类，冷吃；冻制、填制类，可热吃，也可冷吃。

另外，甜味菜肴价格低廉。原料成本低，制作方便，既可上高档宴席，也常见于小吃店和家庭餐桌。

甜味菜肴历史悠久。早在宋代，大诗人苏东坡就以“冰霜荐琥珀，何糖霜美”的诗句，发出对甜味的赞叹。《武林旧事》则记录了宋代的多种甜味糕点：糖糕、生糖糕、蒸糖糕、蜂糖糕……

南北各地的甜味菜肴，有的是经过多年演变，吸收各地优点，一代一代传承下来；有的是在原料不断变化的基础上，根据消费需求逐步创新出来；还有的是引进国外烹饪技法制作的，或者是“中古合璧”的。

甜味菜肴生生不息。但是，与咸鱼、咸菜为代表的咸味菜肴相比，与酸菜鱼、酸菜炖粉条为代表的酸味菜肴相比，与水煮鱼、麻辣火锅为代表的辣味菜肴相比，仍有一些制约甜味菜肴发展的问题：一是有些甜味菜肴失传了，有待于人们的挖掘和整理；二是受“吃糖致病”片面宣传的误导，“谈糖变色”，创新甜味菜肴的热情不高，力度不够；三是甜味调味品新资源利用的不够；四是偏重甜味调料，忽视甜味原料的选用和搭配；五是缺乏对甜味菜肴的系统研究。面对这些问题，笔者越发欣赏《风味甜菜150种》作者在“前言”写的那段话：

“泛览我国的烹饪书海，尚没有一本专门介绍甜菜或甜菜制作的书。对此我一直视为憾事。为补偿遗憾，我不揣冒味，根据不同地区、不同层次的需要，广收博采，编写了这本专门介绍甜菜的书。其目的一是介绍和探索甜菜制作的技术和品种，二是以此书抛砖引玉，使从事烹饪的同行们重视与研究甜菜制作技术。”

笔者这篇《甜味菜谱》的短文，权当是《风味甜菜 150 种》的读后感，也为甜味菜肴的发展鼓与呼！

6

糖，“用以提鲜却不觉其甜”

6 糖，“用以提鲜却不觉其甜”

甜、酸、苦、辣、咸，在这“五味”之中，虽然“甜”有着不可动摇的地位，但人们对甜味的需求是很有节制的，不是“越甜越好”，也不是“常甜不厌”。在用糖调味时，还特别追求“用以提味却不觉其甜”的境界。

提起这种境界，不能不提到我国的名菜之一——潮州菜。

潮州菜源于广东潮州，已有数千年的历史。明末清初，潮州菜进入鼎盛时期，城内出现“三名”：名店林立，名师辈出，名菜纷呈。

如今，潮州菜已形成独特的岭南餐饮文化特色，驰名海内外。

潮州菜特别重视调味。不同菜肴，配以不同味碟，一菜一碟，各有讲究。潮州菜的筵席，大席喜欢用12道菜，其中甜、咸点心各一道。喜席必是头尾两道甜菜，称为“头尾甜”。潮州菜如此注重甜味，引起了人们的特别注意，曾有专家对其菜肴用糖量进行调查。共计调查菜肴108道，其中投糖的86道，占80%。每道菜的投糖量，大部分不足10克，只有12道超过20克。调查得出的结论是：潮州菜以糖为基味，“用以提鲜却不觉其甜”。

潮州菜给人以启示，虽然人们有趋甜避苦的口味要求，但也不是“苦味不食”，也不是“甜不离口”、“越甜越好”，而是追求味道的甜美——又甜又美。这里所说的“美”，包含多种味道。比如，投放的调味料，糖比醋多，就是“甜酸之美”；

醋比糖多，则是“酸甜之美”。

在厨师的灶台上和家庭的厨房里，糖罐子、醋瓶子，总是不得安宁。餐桌上也就有了很多冠以“糖醋”两个字的菜名：鲁菜的“糖醋排骨”、“糖醋鲤鱼”；湘菜的“糖醋里脊”、“糖醋黄雀”；沪菜的“糖醋蛋饺”、“糖醋古老肉”；清真菜的“糖醋鱼”、“糖醋面筋丝”……

糖醋味广受欢迎，这也更加刺激了调味专家的味感神经。他们研制的糖醋味调料汁，不是糖和醋的简单相加，还有精盐、白酱油、香油。用精盐确定基本的咸味，用白酱油辅助提鲜，再用香油增香。调制的时候，将白糖、精盐放到醋和白酱油里，充分溶化之后，加入香油，调匀。这样调制出来的调料汁，糖的甜和醋的酸，是味的主体。食用时，首先感觉的是甜酸味，咸味只在回味时有感觉，能突出糖醋良好的味感。

细品糖醋味，各种呈味物质在一定条件下进行组合，就能产生新的味道。这个过程，也能折射出调味的一些基本原理：

味强化原理。一种味的加入，会使另一种味得到增强。这两种味，可以是相同的，也可以是不同的。同味强化的效果，往往会远远大于两种味感的叠加。

味掩盖原理。一种味的加入，而另一种味的强度减弱，乃至消失。例如，甜味可以掩盖苦味；姜味、葱味可以掩盖腥味。

味干涉原理。一种味的加入，另一种味失真。例如，醋里加入糖之后，就不是原来那般浓烈的酸了；菠萝和草莓味能使红茶变得苦涩。

味派生原理。两种味的混合，会产生第三种味。例如，甜味的糖和酸味的醋结合，产生了“糖醋味”，也称“甜酸味”

或“酸甜味”；豆腥味与焦苦味结合，则产生“肉香味”。

味反应原理。食品的一些物理或化学状态，会使人们的味感发生变化：食品的粘稠度、醇厚度，能增强味感；细腻的食品，能美化口感。这种反应，有的是感受现象，原味的成分并未改变。粘度高的食品，由于延长了食品在口腔内粘着的时间，也就延长了舌上味蕾对滋味持续感觉的时间——前一口食品的呈味感受尚未消失，后一口食品又触及味蕾，从而产生接近于连续状态的美味感；醇厚的食品，鲜味成分多，可以留下厚味的良好感觉。

上面提到的糖醋味调料汁，就是因为糖、醋、精盐、白酱油、香油的共同作用，使味汁具有一定的稠度，味感也显得醇厚。

虽然甜味菜肴讲究“味厚”，但厨师一般不使用糖精、甜味菊糖、木糖醇等合成甜味剂。这些合成甜味剂的甜度比食糖高出很多，在食品工业上有一定的使用价值。

用于菜肴制作的甜味调料，主要是各种糖类：白砂糖、绵白糖、红糖、冰糖、饴糖、蜂蜜、果酱等天然甜味剂。以糖作为调料，除了制作甜味菜肴，很多时候是用糖提升多种菜肴的鲜味。

鲜味，是鲜美的滋味。

糖，在“五味调合百味鲜”中，具有极其重要的地位。

随着生活水平的提高，人们告别了“凭票供应”食糖的物资短缺时代，过上了在饭店喝豆浆、吃稀饭都可“随意加糖”的“甜蜜生活”。糖虽然是人体必须的营养物质，但吃糖过多也会危害健康。近年来患“文明病”、“富贵病”的人数增加，有不少人就是落入了糖的陷阱之中。少糖、少盐、多醋，已经成为当今健康饮食的新时尚。一本本最新印制或手写的菜谱中，甜味菜肴除了拔丝、挂霜、琉璃、蜜汁以外，采用炸、蒸、冻、炒、烩、填酿等烹饪技法制作的甜味菜肴，用糖量都很少。糖，“用以提鲜却不觉其甜”，满足了人们健康饮食“多吃鲜，少吃甜”的要求。

就连南方人也说，菜肴不能烧得太甜了，虽然人们曾经那样地爱吃糖。

7

酱："百味之将"

探究中国烹饪的调味技术，绕不开尽人皆知的两句话：甜酸苦辣咸的“五味调合”；开门七件事的“柴米油盐酱醋茶”。

果然值得探究：“五味”之中没有酱，是不是以咸味的“盐”代替了同样咸味的“酱”呢？而“七件事”中，有“盐”，又有“酱”，是不是“咸味”的重复呢？

追根究底，就会发现，先人们对盐和酱早就有很高的评价，并明确了盐与酱的关系：

《尚书》写道：“若作和羹，尔惟盐梅。”意思是说“调味盐为首”，也就是如今所说的“五味调合盐当先”。

《急就篇》有了“芜荑盐豉醯酢酱”的记载，《四民月令》有了酱油的记载。

唐代颜师对“酱”的解释是：“酱为之言将也，食之有酱，如军中须将，取其率领进导之也。”

《风俗通义》记载“酱成于盐而咸于盐”，与“青出于蓝而胜于蓝”是同一道理。

这样说来，“盐是盐，酱是酱”，“酱成于盐”，也就“一盐变二盐”。不同质量和数量的盐，造就了“百家酱，百家味”。

长期以来，人们把酱作为盐的替代品，“五味”之中，便没有酱。

但是，从西汉时期蜀地流行的“枸酱”，到当今无处不在的“番茄酱”，都是不加盐的酱。这也说明，酱不只是咸。所以，“七件事”之中，有“盐”，又有“酱”。这里的“酱”，泛指糊状调味品，也指腌渍食品的酱制技法。

天津科学技术出版社 1987 年出版的《中国酱菜》，对酱制技法的定义是：酱制是指用甜面酱、黄酱、豆瓣酱等制作的小菜，一般是在腌制的基础上进行，个别产品也直接酱制。

社会科学出版社 2008 年出版的《酱缸流淌出的文化》，则对“狭义的酱”和“广义的酱”进行了定义：狭义的酱，是指以大豆为主要原料制曲经酶变加盐等基本工艺制成的发酵食品；广义的酱，是指以历史学、民俗学、文化学和社会学的多重视角对酱的起源、发展、酱文化的历史流变作考察后得出的结论，泛指一切发酵调味品。

各种各样的酱，在人们的饮食生活中不可或缺，正如酱坊对联写的那样：“国家无将边难靖，人家无酱饭不香。”

吟咏这幅酱坊对联，国家的“将”和人家的“酱”，这“将”、“酱”二字，很容易让人们联想到酱园业的祖师爷。三百六十行，都有各自的祖师爷。祖师爷在业内是尊贵神圣、至高无上的。在酱园业，历史上曾出现6位酱园业祖师爷：西汉开国皇帝刘邦；东汉著名文学家、书法家蔡邕；春秋战国末期政治家、军事家范蠡；唐代大臣、书法家颜真卿；夏禹时期造酒的官员仪狄；齐国的缔造者姜太公。在他们当中，刘邦和姜太公被尊为酱园业祖师爷，都与“将”有关：

刘邦“善于将将”，即善于率领和使用将领，而“将将”的谐音是“酱酱”。

杭州风俗人家作酱，瓮上所盖一定要写上“姜太公在此”五个字，不知其何意。有人就说：“你们难道不知道，姜太公不善将兵，只善将将（酱酱）。”

原来，都因为“将将”的同音是“酱酱”。

坐落在浙江绍兴的中国酱文化博物馆，耸立着蔡邕的塑像。自唐代起，酱人们根据文学和民间传说，经过长期的思考，确立蔡邕为酱园业祖师爷。中国酱文化博物馆的创建人员认为，蔡邕被尊为酱园业祖师爷的时间最早，而且有蔡邕“宴集阅尽，知味中郎”的史料记载。蔡邕具有中国知识分子的传统美德。尊蔡邕为酱园业祖师爷，既遵循了唯物主义史学观，又尊重了民间习俗，可以说很具有代表性。

以“将将”的同音“酱酱”来确立酱园业祖师爷，虽然有些牵强，但也说明酱为“百味之将”，既有漫长的历史，又为人们所公认。《清异录》说：“酱，八珍主人也；醋，食总管也。”这种说法，延续至今：“味以酱为将，食以醋总管”。

酱，是最能体现中国烹饪调味技术的符号之一。在餐饮行业，人们经过长期实践，得出了这样的结论：“以味求养”。这里的“养”，既有饮食养生的意思，也有留住客人的意思——“养人”。以味求养，味是前提，没有味的至美，也就没有了食欲，也就经不住消费者“货比三家”的挑剔，也就“养不住”客人。酱，既是食品，又是调味品，在“以味求养”中的重要作用，无可替代。

因此，以味为核心，成为厨师烹肴制馔所遵循的原则。他们在使用酱调料时，严格把握两个方面：一是对原料本味的熟谙和把握；二是对酱调料的选择和应用。

各种各样的酱，代替了盐的颗粒，为人们提供了更多的选择和便利。在厨房里，在餐桌上，人们尽可选择不同种类的酱产品：咸味的，甜味的，辣味的，酸甜味的，五香味的……

8

“不得其酱，不食”

“不得其酱，不食”，说这话的，可不是凡人，而是孔子。孔子生活的那个时代，被称为“三礼时代”（“三礼”指儒家经典《周礼》、《仪礼》、《礼记》）。这一时期，烹饪技术已达到相当高的水平，饮食礼仪也制度化了。当时，吃各种肉的时候，按传统配有规定的酱汁调味。比如，吃鱼脍，要有芥酱，鱼脍端出来之前，先把芥酱准备好。孔子主张，没有所需的酱，就不吃鱼肉。

看来，酱在食礼中是不可或缺的重要食品，还有着超出食品意义的特殊内涵。

《周礼》规定：作客时千万不要直接端起主人的调味酱便喝，因为那是用于调味的。如果客人喝了调味酱，主人便会觉得酱肯定没做好，味太淡了。看到客人喝酱，主人可能会说自己太穷，穷得连盐都买不起。有经验的客人，只要看到主人端上来的是什么酱，便能知道会吃到什么美味了。

如今，当人们走进山东曲阜，游览孔庙、孔府、孔林，品尝孔府菜，仍能感受到当年孔子饮食的遗风。孔府菜在孔子饮食思想的影响下，历时2500多年，传承70多代，长盛不衰，自成体系，这是中国饮食文化史上的一大奇迹！

在孔子故乡形成的鲁菜，由济南、胶东、济宁（包括孔府菜）为主构成。鲁菜的影响，涉及黄河中下游及以北的广大地区，是覆盖面最广的地方风味菜，也是进京较早、被历代皇家选中的宫廷御膳。

8 “不得其酱，不食”

鲁菜具有明显的齐鲁饮食文化特征：传承孔孟的饮食之道，历史悠久，食材丰富，技法多样，五味调合，善用酱调料，本味养生。

且说鲁菜的“善用酱调料”，黄河出版社2006年出版的《中华鲁菜》，收入传统鲁菜56例，创新鲁菜60例。在传统鲁菜56例之中，共使用调味料44种，其中酱调料12种，使用频次由高而低依次是：盐48次、味精44次、料酒37次、酱油18次、醋12次。假如没有酱调料，传统鲁菜将没有昔日的辉煌和至尊的荣耀。使用酱调料，是传统鲁菜的一个显著特点。在创新鲁菜60例之中，共使用调味料47种，其中酱调料14种，使用频次由高而低依次是：盐49次、味精48次、料酒22次、醋9次、酱油7次、老抽5次、蚝油5次、番茄酱3次、甜酱1次。这些酱调料，有传统的，也有创新的。将传统鲁菜和创新鲁菜进行比较，从所用的酱调料便可以看出，所谓鲁菜的“黑呼呼、稠呼呼、粘呼呼”，正在创新中发生着深刻的变化，变得亮丽、清爽、时尚。

鲁菜厨师不仅烹制菜肴使用酱调料，就连面点制品也离不开酱调料。2004年中国文联出版社出版的《东海有参冠中华》收录面点10款，使用酱调料6种。

2008年12月15日，中国酱文化博物馆在浙江绍兴举行开馆大典时，一位来自山东的厨师说，他早就知道“天下酱人无人不说绍，天下名厨鲜有不知绍酱者”的说法，可他仍愿意为中国酱文化博物馆征集山东酱园业的文物、文献等，因为他太喜欢鲁菜风味特色的酱调料了。大酱、虾酱、蒜泥酱、韭菜花酱，等等，说起鲁菜的酱调料，他如数家珍。说到兴奋时，他还把孔子的“不得其酱，不食”转换成“吃什么也离不开酱”。

黄瓜、白菜、生菜、大葱、大萝卜、水萝卜，各种新鲜蔬菜，沾上大酱，又脆又香，吃也吃不够；卤水小笼豆腐，浇上蒜泥酱或韭菜花酱，吃起来别有风味；用虾酱鸡蛋炒扁豆丝，一个人能吃一大盘子。

说起“善用酱调料”，鲁菜厨师更是充满自信心和自豪感：山东人做鱼，很少清蒸，多数是烧，放上葱蒜，点上酱油，带上黄黄的汤汁盛盘，吃起来又香又鲜，既保留了鱼本身的原汁原味，又让鱼肉里浸满了酱香味。不像有些地方的红烧鱼，油浓酱赤，酱油和糖的味道掩盖了鱼的本味；也不像有些地方的清蒸鱼，寡淡无味。

说起“善用酱调料”，还能引起人们关注的是，一些鲁菜名厨不满足于传统的酱调料，也不局限于各地加工的成品酱调料，他们就地取材，大胆创新，研制出独具特色的“私家酱调料”，有的还具有一定的品牌效应。例如，速建牌海参汁、苹果醋、卡夫奇妙酱、鱼露、大虾膏……

与此同时，一些改良的鲁菜，还积极借鉴西餐技艺，利用果酱、面包渣等，制作烤加吉鱼、茄汁菊花鱼、咖喱鸡快等菜肴，使鲁菜的面貌为之一新。

这样说来，鲁菜酱调料就更加广泛，呈现出6种味型：一是以豆类为原料酿制的液体酱：咸酱油、甜酱油、辣酱油、味料酱油；二是以豆谷类或面粉为原料酿制的糊状调味酱：大酱、豆豉酱、豆瓣酱、面酱、酱豆腐（腐乳）、芝麻酱；三是以海味等添加料制成的酱调料：海鲜酱、卤虾酱、鱼子酱、虾子酱油、蟹子酱油；四是以蔬菜、菌类等添加料制成的酱调料：番茄酱、韭菜花酱、鲜红椒酱、辣椒酱、芥末酱、蘑菇酱油；五是以果品等添加料制成的酱调料：梅酱、苹果酱、草莓酱、山楂酱；六是以奶制品等添加料制成的酱调料：奶油酱、奇妙酱、炼乳。

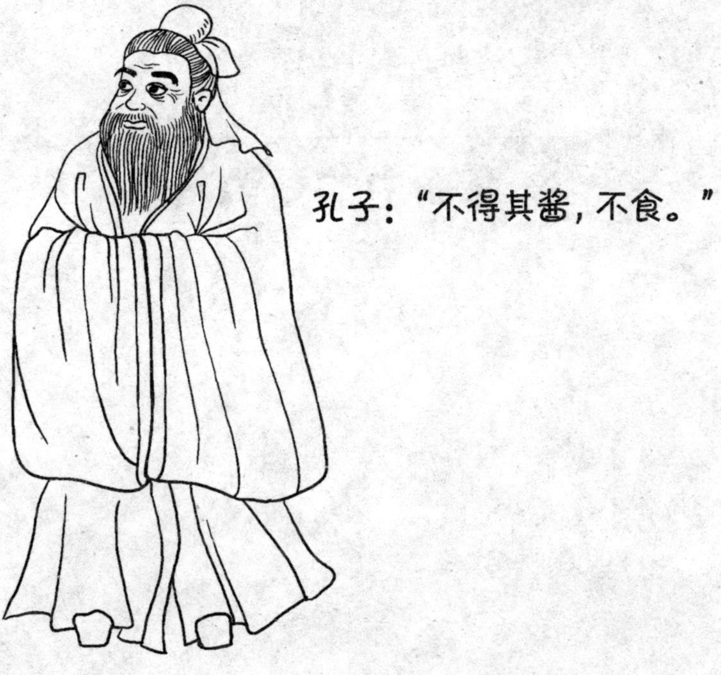

9

烹调中的酱调料

在“以胖为美”的经济困难时期，山东流行这样一句话：“大葱蘸大酱，越吃越胖。”像山东人那样，直接食用酱的吃法，东北人也不示弱。在东北百姓家的餐桌上，常常少不了一大盘应时应季的“蘸酱菜”：小葱、小白菜、小豆腐、大豆腐、干豆腐、土豆、茄子、酸菜心、手撕狗肉……不论荤素，不管生熟，都蘸大酱吃。

就这样蘸来蘸去，随着生活水平提高，生酱变成了熟酱：鸡蛋酱、肉末酱、辣椒酱、芥末酱、葱酱、鱼酱、土豆丁酱、豆角丁酱……各有各的用场，各有各的滋味，各有各的组合，各有各的魅力。

说来有趣，“茄子酱”和“酱茄子”，因为“酱”字的位置不一样，前者是“酱”，后者则是“菜”了。

诸如此类，在东北菜谱里有一个约定俗成的菜名解释：“酱”字打头的菜名，一般不会是“酱”，而是“菜”。比如，酱鸡、酱牛肉、酱排骨、酱大骨头。

还有很多菜肴，虽然菜名没有“酱”字，可烹调中无论如何是离不开酱的。东北最著名的“鲶鱼炖茄子”，只有用大酱爆锅，才最正宗，最美味！

东北厨师说，哈士蟆，惟有用大酱炖，才能消除腥味，提升鲜味。后来，南方厨师也探索出此法，其实是迟到的“创新菜”。当然，南方厨师用酱烹制的菜肴也层出不穷：酱肉、酱鸭、酱鱼、酱肉蒸春笋……

在南北方厨师的灶前，都摆放着装有酱调料的罐。对此，中国烹饪大师吴正格进行了专门研究，特意列出一份《常用酱调料（罐装）备置表》：

液状酱调料：酱油（生抽）、黑酱油（老抽）、鱼露、美极（鲜酱油）、酱豆腐（腐乳）、蚝油。

糊状酱调料：豆豉酱、豆瓣酱、面酱（甜酱）、芝麻酱、日式黄酱、卤虾酱。

复合型酱调料：柱候酱、沙茶酱、海鲜酱、甜辣椒酱、午岛酱、五酱汁。

乳、蔬、果型酱调料：奇妙酱、OK 汁、柠檬汁、香槟汁、番茄汁、喼汁。

这 24 种酱调料，各就各位，用起来就不会“乱点鸳鸯谱”，而是得心应手。这也好比电脑键盘上固定的键位，熟能生巧，便可“盲打”了。

手到料来，黑酱油、鱼露、美极鲜酱油等大部分酱调料可以直接使用；酱豆腐、芝麻酱、日式黄酱等酱调料较干，需用冷开水、冷汤或原汁澥开后使用；豆豉、豆瓣酱、番茄酱等酱调料使用前，需经复制，将其味型、颜色、稀稠调配适度，才便于使用。据《酱缸流淌出的文化》介绍，酱调料的复制方法及其特点如下：

酱油（老抽）：烹调中用途最广的酱调料。掺合某些优质酱油后，放入容器，上火熬沸，冷却后使用。增味调色，口感柔和，咸鲜为主，五味俱全，营养丰富，促进食欲，有助消化。

豆豉酱：适用于鱼类、苦瓜、白菜、豆腐等菜肴的调味。将豆豉剁成细粒，用葱油以温火慢炒 20 分钟（葱油分 3~4 次投入），水分炒干后，调入蒜茸、味精，炒匀即成。颜色深，干爽，油润，豉香、蒜香诱口。

豆瓣酱：适用于禽类、肉类等菜肴的调味。先将蒜茸用较多的底油（葱油）炒开，炒香，再下入豆瓣酱，用温火慢炒，边炒边用手勺搅动，以防糊底，炒至15分钟左右，再下入海鲜酱和沙茶酱，炒约10分钟即成。颜色红润，咸鲜，油亮，豆香、蒜香诱口。

甜辣椒酱：适用于鱼片、鲜贝（带子）、虾球等菜肴的调味，或作为蘸料、面条佐料。将洗净的鲜红椒用搅拌器制成茸状，放入白糖、绍酒、精盐、味精，调匀，置坛中密封，腌渍半个月即成。颜色鲜红，稠状，甜咸清香。

千岛酱：适用于龙虾、大虾、鱼片等菜肴的调味，或用于海鲜冷菜的蘸料。制法是，在奇妙酱中拌入番茄酱、精盐，搅拌均匀。颜色粉红，奶味，含酸，微咸。

五酱汁：适用于猪类菜肴。将海鲜酱、叉烧酱、柱候酱、花生酱、酱豆腐（捣碎）掺杂合一，置炊具中，加汤，上火熬煮5分钟即成。颜色深红，液状，略稠，咸香回甜，五味复合。

番茄酱：适用于鸡、虾、鱼、肉等菜肴的调味，或用于炸食中的蘸料。先将蒜茸用色拉油以温火炒香后，添入番茄酱炒透，再加入鸡汤澥开，然后放入绵白糖、精盐，搅匀，熬约3分钟即成。颜色鲜红，稀稠状，偏酸微甜，有蒜香味。

谈及烹调中的酱调料，也有必要说说酱料罐的选择和使用：

盛装酱调料的罐，宜用圆形或方形的不锈钢器具，统一规格，便于置放和保管。

酱料罐的位置固定之后，不轻意变动，有利于形成使用习惯，提高操作质量和速度，避免忙时出错。

根据各种酱调料的使用效率和用量，备料适当，掌握装料时间，勤于周转。

不宜久存灶边的酱调料，应贮存于恒温柜中，现用现取。

盛装糊状酱调料的罐里，各配长柄小匙，使用时用小匙舀入手勺中，不宜用手勺直接舀取，避免酱调料相互混杂，保持酱料罐的清洁。

饭店打烊后，应彻底清理酱料罐。液体类酱调料需过滤，除去杂质；糊状类酱调料表面注入一层番茄酱、芝麻酱或日式黄酱等“清油”，避免表面风干，还能保鲜防腐。厨师撤岗前，给酱料罐加盖，防止污染。

10

从动物油到植物油

“春雨贵如油”，形容春雨可贵，也说明油的珍贵。这句农谚出自明代解缙的《春雨》，距今已有600多年。那时，人们还没有像现在这样重视汽油、石油之类的油。所以，“春雨贵如油”的“油”，是指食用油。

食用油，是供人们食用的油，也称“食油”、“食用油脂”。习惯上，常温下呈液态的叫做“油”，常温下呈固态的叫做“脂”；从植物体里制取的油叫做“植物油”，从动物体里制取的油叫“脂肪”；为了把动物油、植物油与矿物油加以区别，人们把动物油、植物油统称为“油脂”。尽管《倒序现代汉语词典》里列出70多个末字是“油”的条目，但日常生活当中，一提到“油”，人们就会联想到一种有粘性的、与水不能相溶的可食用物质。食品行业通常所说的油，包括两大类：

动物油：猪油、鸡油、牛油、羊油……

植物油：豆油、麻油、花生油、菜籽油、柚子油、棉籽油……

用这些油制作的食品，最突出的特点就是味道香。被人们誉为食用油之首的油，干脆称之为“香油”——香味的油。回族用食用油煎炸的一种面饼，干脆就称为“油香”——因油而香。

从“香油”到“油香”，能让人们更深刻地感受到油之香。难怪在调味品名单中首当其冲的，常常是油。就连开门七件事说的“柴米油盐酱醋茶”，也将油列于调味品之首。

早在3000多年前的周代，就有了食用油的记载。《礼记·内则》说，“脂用葱”；《周礼·天官》说，“庖人凡用禽献，春行羔，豚膏香”。前者所说的“脂”和后者所说的“膏”，都是指动物油。

人们食用动物油近千年之后，就到了西汉时期。这时，我国不仅能够种植多种油料作物，还发明了榨制植物油的技术，从而增加了食用油的种类。

有了动物油，又有了植物油，使我国成为世界上制油技术最先进、食用油品种最多的国家。

在食用油用于调味的长期实践中，人们创造和积累了很多宝贵的经验。比如，清代的袁枚在《随园食单》中写道：“炒荤菜用素油，炒素菜用荤油也。”这里的“荤油”，是指动物油，而“素油”则指植物油。

动物油和植物油，对于菜肴调味，各有所长：

一般来说，香味浓郁、口味厚重的菜肴，多用动物油。下面介绍几道用猪油调味的菜肴：

烹调鱼类菜肴，先用植物油炸，最后烧鱼或熬鱼的时候，则用动物油炝锅为好。特别是干烧鱼，加些猪板油丁，成菜之后，更加红润肥香。

用猪板油丁清蒸甲鱼、鲤鱼、桂鱼。蒸熟之后，鱼肉更嫩，更鲜，也更肥美。

用猪油烹制甲鱼、鳝鱼，味道更加鲜美醇厚。

由于猪油含色素少，具有清澈透明的特点，烹制出来的菜肴，汁和芡都呈洁白的颜色。因此，需要保持原料本色的菜肴，要求色泽鲜明、淡雅的菜肴，最好选用猪油烹制。这样的菜例不少：

芙蓉鸡片，用猪油炒制，鸡片白、木耳黑、火腿红、豆苗绿，色调淡雅而不失艳丽。

白扒海参，用猪油扒制，笋白、汁白、海参黑、油菜绿，色调淡雅而不乏活力。

砂锅豆腐，用猪油炖制，汤白、味浓、醇香，色调淡雅而不无特色。

用猪油调味，还具有"肥而不腻，口感鲜美"的特点。猪油烧出的茄子和炸出的酱，味美而滑润；猪板油烙出的葱花大饼，肥而不腻，口感鲜美，长盛不衰。

当然，由于动物油属于不干性油脂，所含饱和脂肪酸较多，在常温下多呈凝固或半凝固状态。用动物油烹制的菜肴，凉了之后，表面的油凝固而泛白色，吃的时候有明显的油腻感，影响味道，还因为回软而失去脆性。这种现象，冬季尤为突出。

猪油含有较多的胆固醇，患有心血管疾病的人，应少吃或不吃猪油烹制的菜肴。

与猪油、牛油、羊油等动物油相反，植物油属于干性油脂，含不饱和脂肪酸较多，还有降低血中胆固醇的作用，溶点低于动物油，常温下呈液态，容易被人体消化吸收。由于植物油比动物油营养价值高，也就更加受到人们的欢迎。

如今，植物油比动物油品种多，使用范围更广，使用量也更大。植物油除了像动物油那样用于调味，还常用于过油。过油有两种方法：

一是划油，又称拉油。采用炒、熘、烧、煮、烩等技法制作菜肴时，丁、条、丝、片、块、粒等不同形状的原料，经过划油处理，有助于菜肴的滑、脆、嫩、香。

二是走油，又称炸。“家常豆腐”中的豆腐、“虎皮鸽蛋”中的鸽蛋、“小葱扒鸡”中的鸡，经过走油处理之后，菜肴浓香四溢。山东有一款菜肴，干脆就叫“走油蹄膀”。

11

添油加醋

11 添油加醋

“添油加醋”和“添枝加叶”，这两个词的意思是一样的：形容叙述事情或转述别人的话时，为了夸张渲染，添上原来没有的内容。然而，烹饪行业的“添油加醋”，为制作美食所必需，绝不是多余的“添枝加叶”。

谚语说及“加醋”：“汤淡加盐，汤咸加醋”、“餐餐有醋，日日无忧”；谚语说及“添油”：“加米不如加油”、“吃油泛嫩，吃盐有劲”、“有油盐，吃百草”、“钱多不咬手，油多不坏菜”。

且说“添油加醋”的油，它不仅是人体不可缺少的营养物质，而且在烹饪调味中具有不可替代的重要作用。下面，就让我们来看看调味中的油：

1. 猪油。猪油是从猪的板油、肠油、皮下脂肪层肥膘中提炼出来的食用油，液态时透明清澈，固态时呈白色软膏状，有良好的滋味。提炼猪油，先将原料切成小方块，入锅之后，加入温水，没过原料，再加入几粒大料瓣、少许盐，盖好锅盖，加热时听到锅里有卡巴卡巴的响声时，端下锅，捞出油渣即可。因为猪油的化学结构是一种脂肪酸甘油脂，如果提炼猪油时不加点水，油渣残留的猪油比较多，而且部分猪油还会被高温气化，变成油烟，从空气中跑掉，不仅提炼出的猪油少，还容易把油渣熬焦，猪油颜色焦黄，带有一种苦涩味。当然，提炼猪油时，应控制好加水量。一般来说，500 克猪油放小半碗水就足够了。水多，会加快猪油出现“哈喇”味。猪油放久了，也会产生“哈喇”味。解决“哈喇”味的办法：一是趁热在熬好的猪油加入一些白糖（每500克猪油加入50克白糖），搅拌后封存；二是在盛猪油的器皿里加入一片萝卜；三是在猪油中加一粒弄破的维生素E胶丸。

2. 鸡油、鸭油。鸡油和鸭油，是从鸡、鸭脂肪组织中提炼出来的食用油。虽然数量不多，但具有增鲜提香的作用，是烹饪调味油的佳品。

3. 牛油、羊油。牛油和羊油，是从牛、羊脂肪组织中提炼出来的食用油。与猪油相比，牛油、羊油的饱和脂肪酸含量较多，不易被人体消化吸收，又有膻味。只有质量好的牛油和羊油用于食用。营养学家建议，日常生活中，有条件者应尽量少吃牛油、羊油。

4. 豆油。豆油是从大豆里提取的食用油。大豆含油量18%~20%。冷压豆油色泽较浅，生豆味较淡；热压豆油由于原料经高温处理，色泽较深，豆腥气浓。豆油分为粗豆油、过滤豆油、精制豆油。由于豆油营养价值高，我国各地区都喜欢食用。有人以为生豆油营养丰富，又有一种自然香味，喜欢吃生豆油。其实，吃生豆油是不科学的。营养专家指出，如果长期吃生豆油，容易引起苯中毒。用豆油拌馅或拌凉菜，应先把豆油倒入锅里烧开，苯的沸点较低，遇高温容易挥发。熟豆油晾凉之后，用于拌馅或拌凉菜，同样味美可口。

5. 花生油。花生油是从花生仁中提取的食用油。花生仁含油量40%~50%。冷压花生油颜色浅黄，气味和滋味都好；热压花生油浅澄黄色，略有炒花生的气味。花生油也是我国各地普遍使用的优质食用油。根据一些名厨的经验，花生油放到锅里加热后，再放些花椒、茴香，然后晾凉备用，这样可使油的香味大增，菜肴味道更加芳香。

6. 芝麻油。芝麻油有特殊的香味，也称“香油”。芝麻油是从芝麻种子中提取的食用油。芝麻含油量 45%~55%。芝麻油分为大槽油、小磨香油。大槽油是以生芝麻为原料，直接用机器压榨，油的颜色浅，香气不浓；小磨香油是芝麻炒熟后制出的油，香味浓郁，诱人食欲，是制作热菜和凉菜都离开不的调味品。

7. 葵花籽油。葵花籽油是从葵花种子中提取的食用油。葵花籽含油量 40%~50%。葵花籽油色泽淡黄透明，气味芳香，稍经加热，香味浓郁。易被人体消化吸收，是人们理想的食用油。葵花籽油含天然抗氧化剂少，有微量的氧脂肪酸，稳定性差，不宜长时间贮存。贮存时还应避光和防止高温。

8. 菜籽油。菜籽油是从油菜的种子中提取的食用油。油菜种子含油量 38%~40%。菜籽油呈金黄色，有菜籽的特殊的气味，略带涩味等异味。厨师常用三种方法去除菜籽油的异味：一是油加热后，放进几粒芸豆，炸到焦糊状捞出；二是将油加热，放入几粒花椒、葱段、蒜瓣，炸后捞出；三是将油加热至沸腾时，放入馒头片、米饭，炸焦捞出。实践证明，用菜籽油炸制的食品不易产生哈喇味，易于贮存。

9. 棉籽油。棉籽油是从棉花的种子中提取的食用油。棉花种子含油量 15%~25%。棉籽油分为毛棉油、过滤毛棉油、半精炼棉籽油、精炼棉籽油。精炼棉籽油，油香味较浓，可以食用。营养专家建议，食用棉籽油要充分加热，去除有毒物质，直到冒青烟时才能用于炒菜。

10. 山柚油。山柚油是从山柚树成熟的果子核仁中提取的食用油。味甘，微苦，是具有保健滋补功能的药用油脂。民间用它给孕妇调理体血，给女性润肤养颜，给老人补气活血；药膳厨师用它炖制“燕翅煲”、“月里鸡”、“童子鸡”等滋补名菜，也用来作为佐料，蘸食。

11. 橄榄油。橄榄油是从橄榄果中提取的食用油。目前国际市场上最常见的橄榄油，主要有超级纯质橄榄油和普通橄榄油。无论生食还是熟食，橄榄油都是较好的调味品。橄榄油既适用于西餐，也适用于中餐。

食用油除了上述品种之外，还有鱼油、玉米油、米糠油、椰子油……

上述食用油经过再加工，也就有了各种各样的调味油：花椒油、辣味油、蘑菇油、咖喱油……

海南特产：来自树上的食物油——山柚油。

12

油多不坏菜？

“油多不坏菜”这句话，在不同的历史时期，应该有不同的理解。

在过去经济困难时期，物质匮乏，具有很高营养价值和重要调味作用的食用油，更为珍贵。“油多不坏菜”——油多才能做出好吃的菜。那时所说的“油多”，在很大程度上反映了菜肴里的“油少”。人们希望多吃到一些油，防止营养不良。

在如今进入全面建设小康社会的历史新时期，面对数量充足、品种繁多的食用油，人们并不认为“油多不坏菜”——吃油并非多多益善。因为人们的饮食生活已从“吃得饱，吃得好”转向“吃出营养，吃出健康”。

2008 年 11 月，《生命时报》刊登一组“餐馆营养安全系列调查”的文章，其中有一篇《餐馆炒菜太油腻》，写及记者在一家湘菜馆调查时接连出现的“出乎意料”：

厨师在制作一盘“清炒丝瓜”时，手持的菜勺比家庭用的菜勺大两倍，舀起满满一勺油倒入锅里，接着是丝瓜下锅，一翻颠炒过后，这盘“清炒丝瓜”将出锅时，厨师又舀了半勺油，毫不犹豫地淋到菜上！

临灶的厨师在炒一盘油麦菜，先放进锅里的，是一块硕大的猪油，直径约 10 厘米！

其他厨师也在用油上毫不示弱：肉要先用大量的油过一下，再放到油里和其他原料一起炒；豆腐裹上浆，用油炸透，才进入下一个烧的工序，而下一个工序同样离不开油……

记者给这家湘菜馆算了算平均每天的“油账”：出菜 1000 盘，用油 45 公斤左右，每盘菜含油 45 克，用餐人数为 650~800 人，每人每餐吃菜 1.5 盘，吃进去的油达 60 多克。

请注意，中国营养学会编著的《中国居民膳食指南》（2007 年版）提出，城镇居民每人每日食用油摄入量应在 25~30 克之间。

这就是说，按照《中国居民膳食指南》规定，本应两天食用的油量，在这家湘菜馆一顿饭就全部吃进去了！

难怪有调查表明，居民的体重与周围街区的餐馆密度有相当大的关系，餐馆密度越大，该地区的肥胖者越多——因为到餐馆用餐方便，而餐馆的菜肴含油量大。

难怪中国营养学会副理事长程义勇曾针对“餐馆炒菜太油腻”的问题，提出“帮你少吃油”的对策：吃豆腐选非炸制的熘豆腐；主食不选含油量高的南瓜饼、葱油饼；蔬菜吃前控油 30 秒；用开水涮除菜肴表面的浮油再吃。

如此这般，油大不坏菜吗？很显然，答案是否定的。

餐馆炒菜太油腻，违背了《中国居民膳食指南》，也不受消费者的欢迎。从“指南”到顾客，都在为太油腻的菜肴说不！

那么，餐馆老板为何不经营含油低又能降低成本的菜肴呢？餐馆厨师为何不手下留情慎用油呢？原来，这在很大程度上是因为油能调味。他们说，过了油的肉，才更香嫩；放油多了，肉才不柴；好多原料，不过油，不淋明油，就不香……

正因为这样，“炒菜太油腻”的问题，不只出现在上面提到的那家湘菜馆，也有调查显示，“一家普通的川菜馆，平均每盘菜 50 克油”；“以清淡著称的一家粤菜馆，每盘菜含油量也高达 23 克”；还有，“水煮鱼”、“毛血旺”等菜肴，简直就是“用油泡出来的”！

正因为这样，《中国食品报》2008 年 1 月 18 日刊登的《国人摄油普遍过量》说：“最近的全国城市居民膳食调查显示，上海、杭州、郑州、成都等大城市人均食用油的摄取量都超过了 44 克，这个数字远远超过国际标准。”

也正是由于一些人对“油多不坏菜”的片面理解，“嗜油”已成为影响我国居民健康的一大隐患。对此，医学专家指出，油脂摄入量过多，除了造成肥胖，还会造成血脂增高，引发冠心病、糖尿病、高血压、高脂血症等疾病。由国家环境保护总局有机食品发展中心主任肖兴基作序、中国轻工业出版社出版的《营养革命Ⅱ：露卡素有机生活》一书，目录中甚至出现了这样的标题《中国人的植物油灾难》。由《健康时报》重点推荐读物《健康靠自己——拒绝 20 大文明病》一书，则对人们食用动物油提出忠告：“胆固醇数值只要下降 1%，罹患心脏病的危险就会下降 2%，要想降低胆固醇的数值，像牛油、猪油等饱和脂肪应避免摄入。”

在全面建设小康社会的当今，虽然人们仍然爱说“富得流油”，但“有油水”已经不是富裕生活的主要标志，恰恰相反，如何解决因享受生活而带来的一些健康问题，已成为人们关注的重点，“少吃油，吃好油”的消费观念，更为当今的人们所崇尚。“油多也坏菜”！

2008 年 6 月 29 日，由中国保健协会等单位主办的“和谐我生活，健康中国人”活动，在北京正式启动。在这个活动中，将会给社区百姓送去控盐勺、控油壶等健康生活用具。控油壶上有刻度，有助于家庭每人每天食用油不超过 25 克。作为用油“大户”的餐饮企业，如何走出片面追求“油多不坏菜”的误区呢？笔者在与名厨大师的座谈中，记录了以下控油、节油的办法和窍门：

这样炸馒头省油：炸整个馒头，先用冷水冲一下，再放到油锅里炸。炸馒头片，先把馒头切成厚片，上锅蒸透，然后再放到油锅里炸。这样炸出的馒头和馒头片，既省油，又酥软好吃，颜色也好看。

这样炒茄子省油：先将切好的茄块（片）用盐拌匀，搅拌15分钟左右，挤去渗出的黑水，入锅炒制，不加汤，反复煸至茄子全软后，按照口味要求放入调味料。这样炒出的茄子，既省油，又好吃。

这样炒菜省油：先用少许油炒，快要熟时，放入熟油，继续炒。这样炒出的菜，汤少，用油不多，但油味浓，菜味香。

这样炸油条省油：(1) 在油条酵面中加一些盐、矾、碱。盐能增强酵面筋力；矾是一种酸性的发泡剂，与碱发生化学反应，从而产生二氧化碳，使油条膨大。(2) 酵面不宜发得太软，不然会形成许多排气孔，将油吸进，增加耗油量。(3) 酵面揉匀，表面光滑，也可以省油。(4) 酵面不宜粘附干面，干面吸油量大，而且油条表面粗糙。(5) 平底锅炸油条比尖底锅炸油条省油。(6) 翻油条时，尽量不要让油面波动，减少油烟。(7) 夹油条要竖着夹、立着放，可以回收一些浮油。

随着人们健康意识的增强，还会有更多更有效的控油、节油措施，从而保证人们科学摄取油脂。2009年2月20日《中国食品报》的一篇文章的题目就是《厦门“少油少盐”菜谱受欢迎》。文中写道：节后的热销菜谱里，少油少盐低热量菜品是主导。正在新华书店挑菜谱的顾客毕小姐表示，“重要的不是花样，春节吃了太多油，一家人快受不了，现在买菜谱，是要研究怎么吃出健康来。”

13

香味，是美味的升华

13 香味，是美味的升华

去农贸市场采购烹饪原料，有时会遇到专卖调味料“十三香”的商贩。与那些不善叫卖的商贩相比，卖“十三香”的挺“吃香”，常被一些男女老少围着，看他表演“纸儿落到我的手，大材小用来包十三香”，倾听他的“十三香配料小唱”。这“小唱”，听得次数多了，也就有了“模仿秀”：

花椒好，花椒香，花椒的味道特别长。凡是做菜它调味，没有花椒味不香。

干姜老，老干姜，干姜越老味越长。拌鲜菜，煮鲜汤，放点干姜味更香。

肉桂好，肉桂香，肉桂炖肉最相当。尝一口滋味它可口，肥而不腻喷喷香。

茴香好，茴香香，大小茴香分两样。要问茴香产何地，全国各地产茴香。

香白芷，白芷香，解腥去腻最相当。搁上一点香白芷，它的味道特别香。

木香好，好木香，木香顺气属它强。木须肉，木须汤，汤肉离不开广木香。

十大调料配了个全，要想味道它更美，还有三宝往里添：沙仁、肉蔻、小丁香。

听着，就感觉好香！

逛市场的人们闻香而动，你一包，我一包，包进“十三香”，也包进了那“配料小唱”。

每当遇上这样的情景，笔者也常常加入购物的人群，尽管刚买不久的那包“十三香”还没用完，可又觉得这包要比上包香。过后一想，这种感觉，很大程度上是来自那“小唱”中“香的诱惑”。

从喧嚷的市场回到宁静的书房，信手翻开《四智论食》，出自四川烹饪高等专科学校熊四智教授笔下的《味在四川，核心在香》，则写得“香透纸背”：

家常味型：咸鲜微辣（部分家常味菜肴要求回味略带醋香）

鱼香味型：咸甜酸辣兼备，姜葱蒜香气浓郁。

怪味型：咸甜麻辣鲜香并重而协调。

红油味型：咸鲜香辣，回味略甜。

麻辣味型：麻辣味厚，咸鲜而香。

酸辣味型：酸香微辣，咸鲜味浓。

煳辣味型：香辣咸鲜，回味略甜。

陈皮味型：陈皮芳香，麻辣味厚，略有回甜。

椒麻味型：椒麻辛香，味咸而鲜。

椒盐味型：香麻而咸。

椒豉味型：椒豉浓香。

豉汁味型：豉汁鲜香。

上述12种味型，多有花椒或辣椒参与调味，都必须表现出不同的香气。

酱香味型：酱香浓郁，甜咸兼鲜。

五香味型：浓香咸鲜。

甜香味型：纯甜而香。

香糟味型：醇香咸鲜而回甜。

烟香味型：咸鲜醇浓，香气独特（主要指熏烤时附着于原料上的樟、柏、松、茶、米等香气。如樟茶鸭子、香肠、烟熏牛肉、米熏鸡等)。

上述5种味型，名称上都有“香”字，对香气的要求十分明显。

咸鲜味型：咸鲜清香。

蒜泥味型：蒜香味浓，咸鲜微辣。

芥末味型：咸鲜酸香，芥末冲辣。

咸甜味型：咸甜并重，兼有鲜香。

麻酱味型：芝麻酱香，咸鲜醇正。

茄汁味型：番茄汁浓，甜酸味香。

果汁味型：味似果酸，甜酸清香。

这7种味型也是要求表现香气的。

在抄录上述24种味型和“谈味论香”的文字之后，更加深了笔者对香味的理解：

川菜的核心在于香。在川菜的27种味型中，24种有香味的要求，只有3种（荔枝味、糖醋味、姜汁味）没有香味的要求。

麻辣的实质在于香。川菜使用的辣椒、花椒多，便容易产生“川味即麻辣”的印象，其实这只是表面现象。深入观察和探究川菜的27种味型，有11种与花椒、辣椒有关，而所反映出的实质味道，不是麻，也不是辣，而是香：浓香、鲜香、芳香、香辣……

小商贩的“配料小唱”与大学者的“调味高论”，有异曲同工之妙，都在证明：香味，是美味的升华。

对香味理解得越深入，也就对“烹调五味香”的厨师职业更增添几分敬意。历代厨师勤学苦练，孜孜以求，为的就是开发香味，留住香味，张扬香味。

一些菜肴的主料，本身难以产生诱人的香味，厨师就在辅料和调味料上想办法。比如，让姜、葱、蒜、泡辣椒、糖、醋巧妙结合，烹制出“鱼香肉丝”、“鱼香茄子”等鱼香味菜肴。这种“鱼香味”，完全能以假乱真。再比如，麻婆豆腐里加入蒜苗，用芭蕉叶做“叶儿粑”，用荷叶蒸肉，都能起到增添香味的作用。

制作凉菜时，为了主料的香味更加热烈奔放，厨师总是有选择地加入调味料：芝麻、花生、椿芽、花椒面、辣椒油、鱼子酱、番茄酱、海鲜酱、复制酱油，等等。

制作热菜时，为了防止香味在烹制过程中散失，厨师往往采用蒸、煮、炖、焖等烹饪技法，特别强调炊具的密闭。一旦菜肴成熟，端上餐桌，那被浓缩的香味，就会释放出无尽的魅力。

香味，可使菜肴具有芳香气味，刺激食欲，去腥解腻，是一种最为吃香的味道。因此，很多食物的名称，也与“香”攀亲结贵：经过熏制的豆腐干称为“香干”；花茶又称“香片”；芫荽又称“香菜”；甜瓜、鲜瓜也称“香瓜”；一根看上去挺直白、做起来挺繁复，而吃起来很简单的食品，取名“香肠”，也称“肉香蕉”。

14

臭味，同样不可或缺

香味，是美味的升华。那么，臭味呢？也有必要到市场上去看看。

市场上，有一种声音：“不臭不要钱”，这是卖家对其产品质量和商业信誉的承诺。

餐桌上，有一种菜肴，客人嗅不到臭味，就会觉得不好吃。

对了，臭豆腐。

臭豆腐之所以能立足于中华传统美食之林，那是因为它有足够的、代代不绝的顾客群。喜欢吃臭豆腐且产生巨大影响的名人，当数毛泽东。

打开《舌尖上的狂欢》这本书，翻阅一些报刊，上面均有记载：“文化大革命”中，长沙火宫殿的墙壁上出现如下字样——“最高指示：火宫殿的臭豆腐还是好吃。”

这“最高指示”，也就是“毛主席语录”——毛泽东说过的话。

毛泽东说这句话的时间，是1958年4月12日。这天下午5点钟，毛泽东来到长沙“老字号”饭店火宫殿。他青年时代在长沙时，既爱岳麓书院的书香，又喜欢火宫殿臭豆腐的美食之香。此时已是党和国家领导人的毛泽东，重回这里，餐桌上自然少不了他喜欢吃的臭豆腐。

毛泽东一边品尝，一边说：“火宫殿的臭豆腐还是好吃。”他还总结了臭豆腐的三个特点：“闻起来很臭，看起来很脏，吃起来很香。”

这“三个特点”鲜为人知，而毛泽东说的“火宫殿的臭豆腐还是好吃”，却成了火宫殿最好的“广告词”。火宫殿及其臭豆腐，便因此更加名声远扬，经久不衰。

1993年，在纪念毛泽东诞辰100周年的时候，当年接待毛泽东的火宫殿经理何炳炎，已经是75岁老人了。他深情地回忆毛泽东就餐火宫殿的情景：主席吃得很高兴，要走的时候，我从衣架上拿起主席的那件银灰色大衣，给主席披上。主席对我说：“臭豆腐是劳动人民的产品，你们应该做好。火宫殿是人民喜爱的地方，你们应该搞得好一些。”

如今，慕名来这里品尝臭豆腐的国内外游客越来越多，火宫殿的生意也越来越火！

臭豆腐给火宫殿带来赫赫大名、滚滚客源和财源，还得感谢一个人——王致和。

在300多年以前，北京城有个年轻人叫王致和，靠卖苦力生活，一个人过日子，很清贫。有一天，他帮人干完活，回到家里，豆腐上洒点葱花和盐，就着馒头吃。这时，有人来求助，肉铺刚买的10口大肥猪全被马车惊跑，请王致和帮忙找回失散的猪。王致和把碗里没吃完的豆腐扣上，就跟着来人找猪去了。东寻西找，围追堵截，终于将猪全部找回来。可王致和却没有回家，接着又在肉铺帮忙。

半个月后，王致和回到家里，碗里的豆腐长了绿毛，还散发出一股臭味。他甚至怀疑，这还是不是那块豆腐？可眼下没有别的菜，他便夹起一块面目全非的豆腐，尝了尝：有点咸，有点黏，臭味里透出一股说不出来的香味，挺好吃的！

从此，王致和自制臭豆腐吃，省钱省时又省事。盛装臭豆腐的器具，也由小碗变成了大坛子。

后来，王致和将此事说给豆腐坊的朱老汉。朱老汉又帮助他改进工艺，添加佐料，密封发酵。这样一来，臭豆腐更臭，也更香。拿到市场上去卖，很快被抢购一空。接着，在朱老汉的帮助下，王致和在北京前门外延寿寺街路西开了一家经营臭豆腐的店。那是在1678年。

从那时开始，王致和的名字广为流传，各地的臭豆腐经久不衰。在2008年全球经济危机的情况下，北京王致和集团创下7.29亿元的销售收入，取得1542万元销售利润。从上个世纪90年代末至2009年，王致和商标在美国、加拿大等多个国家和地区注册。

臭豆腐，香飘古今，香飘海内外。

喜欢吃臭豆腐的“逐臭之夫”，均有同感：臭，是对臭豆腐的片面认识，臭是嗅觉，虚的；而吃到嘴里却是香的，是味觉，实的。

臭，先是被强烈地闻到，但是，由于口腔不能感受到臭味，臭味一进嘴，再加上油、辣椒酱、甜面酱等调味作用，臭豆腐的臭、霉、酸，在一派热气腾腾之中，浑然成香！

臭味成了臭豆腐存在的重要条件。臭豆腐成了美食大家族的重要成员。油炸臭豆腐是“南臭”的代表，王致和臭豆腐是“北臭”的代表。“南臭”和“北臭”的特点，在《写食主义》作者沈宏菲笔下，写得淋漓尽致：南臭热烈豪迈，排山倒海，臭而烘烘；北臭则阴柔低荡，销魂蚀骨，臭也绵绵。

南到香港，北抵黑龙江，都能闻到“流动的臭味”。其实，这臭味，不只来自臭豆腐。臭味食品也是一个庞大的家族：臭豆腐、臭冬瓜、臭冬笋、苋菜梗、臭豇豆、霉千张……

其实，喜欢吃臭味菜肴，不只是中国人的饮食嗜好。瑞典人就喜欢大口吃特制的臭鱼。美国有一种名叫“干死”的臭味干酪，著名作家、美食家汪曾祺品尝之后，很不以为然，认为它没有王致和臭豆腐那么臭，当然也就没有那么香。

臭，也是味中之一。美食美味，食全食美，臭味同样不可或缺。

臭和香，正相反。人们不但喜欢吃香的，也喜欢吃臭的，而且想方设法变换出各种臭味菜肴的花样来。吃腻了香，品尝一下臭，有焕然一新之感。闻着臭，吃着香，又富有营养的臭味食品，与人类同样有着不解之缘。

实验证明，臭卤食品中的许多酵母菌，还具有增强食欲和促进消化的作用。

15

怪味，其实不奇怪

15 怪味，其实不奇怪

“我就奇了怪了，怎么还有个‘怪味’?”在与一位朋友聊天时，他得知笔者准备写写烹饪调味方面的文章，便摇了摇头，提出奇怪的一问。

这也难怪，无论“原汁原味”还是“五味调和”，只要说及“有滋有味”的食品或味觉感受，人们往往首先想到单味调味品的盐、糖、醋；然后想到基础调味品的酱油、味精、面酱、辣椒油；也会想到复合调味品的番茄酱、调味醋、蚝油。一般来说，不会想到怪味。

想想看，与“怪”字组合起来的词：怪话、怪僻、怪癖、怪异、怪象、怪事、怪里怪气、怪模怪样。它们所表达的意思，要么不受欢迎，要么是奇异反常的现象。也许是受此影响，有人把怪味看成“怪怪的味道”，甚至带有一定的贬意。

对烹饪调味说长道短，就不能不深入探究一下怪味之“怪”。

书林漫步，网络点击，置身巴蜀，都会验证一个流行的说法：“吃在中国”，“味在四川”。川菜具有强大的生命力和广泛的影响力，关键在于它烹饪取材的广泛性、调味变化的多样性、众多菜式的适应性。且说这“调味变化的多样性”，四川人自古喜欢“食之乐、饮之乐、味之乐、宴之乐”，将这些看成享受人生乐趣的一个重要方面。早在东晋时期，史学家常璩就在《华阳国志·蜀志》中描述过四川人的饮食习俗：“尚滋味”、“好辛香”。他们以咸、甜、麻、辣、酸为基本味，经过调和变幻，味型多多。据烹饪专家统计，“当今的川菜，四川烹饪界公认的有 23 种味型，加上近年厨师创新的并已逐渐得到广泛使用的豉汁味型、椒豉味型、茄汁味型、果汁味型 4 种，川菜的味型已达 27 种。”在这 27 种味型之中，怪味独树一帜，调味专家对它的评价是“咸甜麻辣鲜香并重而协调”、“咸甜麻辣鲜香各味十分和谐”。

由此看来，怪味之“怪”，并非贬意。恰恰相反，怪味集咸甜麻辣鲜香众味于一体，互不压味，是佐酒菜肴的调味佳品，也因怪味而成就了川菜中的一种特殊风味。

四川人制作怪味，十分讲究：以川盐、红白酱油、香油、红油、芝麻酱、白糖、醋、味精、花椒末、熟芝麻末为原料，先将盐、白糖放入红白酱油中溶化，再与其他原料充分调匀。有了这样制作出来的怪味调料，便可制作出各种原料的怪味佳肴：怪味苦瓜、怪味腰果、怪味皮丝、怪味牛肉、怪味鸡条……

构成怪味的各种味，各有不同的作用。咸：去腥、提鲜、解腻，突出鲜香气；甜：提鲜，抑制苦涩味；辣：增进食欲，帮助消化；酸：去腥，促进食物中钙质分解，保持维生素；香：去除异味，增加芳香……

调配怪味，需要的调味品多，各种调味品的用量也不好掌握。于是，复合调味品里增加了一个品种——怪味汁。怪味汁和叉烧汁、鱼香汁、五香汁、海鲜汁、糖醋汁等复合调味汁一样，使用方便，又便于保存、携带。

制作怪味汁，不同于厨师在灶台前的独立操作，必须有不锈钢锅、调料罐、胶体磨、粉碎设备、灌装设备等加工设备。

怪味汁配方，必不可少。中国轻工业出版社 2008 年出版的《新版调味品配方》，提供的怪味汁配方是：酱油 50 克，芝麻酱 20 克，米醋 20 克，辣椒油（用油炸干红辣椒而得）25 克，砂糖 25 克，花椒 1 克，葱末 15 克，蒜泥 15 克，芝麻 25 克，香油 30 克，味精 2.5 克，姜末 15 克。

有了加工设备和依据配方准备的原料，就可以按照规定的工艺流程加工了：麻酱、酱油→搅匀→加调味料→加热溶解→加辛香料→乳化→灭菌→灌装。

在加工过程中，有四个重点环节：一是调匀。将酱油加入麻酱内，边加边搅，调配均匀，呈粥样的稀稠状。二是加调味料。加入砂糖，加热溶解，砂糖完全溶解时加入葱、姜末、蒜泥，停止加热，搅拌均匀。三是加辛香料。将花椒炒热，粉碎成面，与花椒油、香油、味精一起加入已制好的半成品调味液中。四是灭菌灌装。将芝麻炒熟，粉碎成末，最后加入，搅拌均匀，过胶体磨，灭菌，灌装。

这样生产出来的怪味汁，呈现酱色，浓度适中，各味俱全。根据各地口味习惯，也可适当调整用料，但不能一味突出而压过其他味。

怪味汁属于凉菜汁，用于拌凉面、拌脆嫩蔬菜、浇拌煮熟的鸡肉、猪肉等。

无论怪味凉菜还是怪味热菜，因为怪味中的调味料多，相得益彰，能给人以美妙的想象，这也是取名“怪味”的原因之一。当品尝过菜名上冠以“怪味”的菜肴之后，也见怪不怪了——怪味，其实不奇怪。

据报道，航天技术人员认为，太空中似乎混合着炸牛排、锻造金属和焊接摩托车时的味道。美国国家航空和航天局（NASA）委托一名化学师配制“太空味”……

味道，确如厨行鼻祖伊尹所言：“味之精微，口不能言也。”

16

本味中的苦味

16 本味中的苦味

据专家考证，最早把烹饪调味讲得完整而又彻底的书，当数《吕氏春秋》。这是一部内容丰富的“杂家之书”，问世于1700多年前的秦朝初期，由吕不韦组织编写。在《吕氏春秋》里，有一篇专门论述烹饪和味道的文章——《本味》。文中说：“调和之事，必以甘、酸、苦、辛、咸先后多少，其齐甚微，皆有自起。”这意思是说，在烹饪调味时，甘、酸、苦、辛、咸，这些原料，放多放少，谁先谁后，差别虽然很小，但很有讲究，不可随心所欲。这里所说的“甘、酸、苦、辛、咸”，后来一般称为“甜酸苦辣咸”，被公认为烹饪调味的“基本味”，也称“本味”。苦，一直被列入本味之中。

本味，是本来的味，是未经复合的味，是用来调和其他味的母味。

作为本味的苦味，在人们的饮食生活中，一直占有重要地位，具有重要的作用。无论饥寒交迫的困难时期，还是丰衣足食的当今时代，人们都离不开苦味，得益于苦味。

过“苦日子”时，粮食少，肉蛋缺，以“苦菜粥”为代表的苦味食品，成了人们的“养命饭”。苦味还被赋予了超出味道本身的意义——艰苦环境能磨炼人才。通过艰苦奋斗，付出辛勤劳动，才能取得成功。“苦尽甜来”、“吃得苦中苦，方知甜上甜”、“吃得苦中苦，方为人上人”。这也正如孟子所说：“故天将降大任于是人也，必先苦其心志，劳其筋骨，饿其体肤，空乏其身，行拂乱其所为，所以动心忍性，曾益其所不能。”

终于，熬过了“苦日子”，过上了“甜蜜蜜”的新生活。苦，成为留给人们的一种记忆。于是，有了“忆苦思甜”之说，人们特意再品苦味，不能忘记过去，更加珍惜现在。

现在，吃腻了大鱼大肉，吃够了甜甜酸酸，吃足了咸滋辣味，渴望吃出营养，吃出健康。所以，对“食全食美”有了更深的认识，便热衷于“自找苦吃”：吃苦瓜，清心明目、益气壮阳；吃苦菜，清热凉血、泻火解毒；吃莴笋，清热化痰，利气宽胸；喝苦丁茶，止咳化痰、健胃消积。

瞄准这一消费需求，餐饮企业增加了苦味菜肴。嫩生生的苦菜叶儿，蘸着甜面酱生吃，又脆又鲜，清心爽口。热腾腾的苦味菜肴，或炒或焖，异味清口，香气浓郁。就连北京传统的炸酱面，也加进了苦味菜码，吃到嘴里，为之一爽！

瞄准餐饮企业菜谱上的这一变化，书店的图书也“看人下菜碟”，黑龙江科技出版社1997年推出前所未有的《酸味苦味菜谱》，开列出30道苦味菜肴。银杏肉丁：菜色洁白，菜形秀丽，鲜嫩香糯，苦中有甜，风味独特；荷包苦瓜：菜色金黄，造型别致，酥嫩凉口，微苦清淡，香鲜可口，酒饭皆宜；啤酒焖牛肉：油汁火红，鲜艳悦目，肉质鲜酥，酒味独特，异香扑鼻；红椒拌苦瓜：红绿相映，色彩艳丽，苦瓜清口，辣而入味，麻香扑鼻，佐酒佳肴……

还有人将吃“苦”的经历和感受写成文章发表。笔者经常阅读的《中国食品报》，近年来几乎年年都有“写苦”的文章：1992年舒阳写的《苦瓜情思》，1995年晓文写的《父亲爱吃“苦”》，1996年冯恩昌写的《早春的苦菜》……

刊登在1993年《美食导报》上的《袖珍苦瓜的追忆》，文章结尾就像一个完整的“苦瓜菜谱”：“顺德人巧手制作的油浸苦瓜仔，最令我难忘。他们将苦瓜仔切下蒂部，去核，然后用沸水烫到半熟。另外，把蒸过的豆豉与蒜头、辣椒混合后捣成酱茸，把酱茸酿入小苦瓜腔内，塞满，再把切下的瓜蒂盖上，用很细的竹枝插紧。然后，把一个个酿好的苦瓜仔整齐地置于瓦缸内，用沸油浸过面，盖好缸盖。十天半月后，苦瓜肉与酿料便可‘融为一体’。这时，打开缸盖，香气扑鼻。在唇干舌燥、食欲不振的夏日里，取出这样的油浸苦瓜仔佐餐，别有风味，越吃越爱吃。”作者的笔法很细腻，写出了“油浸苦瓜仔”的原料、调味料、制法、特点。

这“油浸苦瓜仔”的苦味，原本是苦瓜的本味，也称母味。这种本味与酿料“融为一体”，再经“沸油浸过”，便不“苦口难咽”，而是“香气扑鼻”了。

同此道理，只要有了“本味”，就能调和出其他的味道来。在《“味”型菜谱》中，有一道以苦瓜为原料的菜肴，取菜名“怪味苦瓜”。怪味来自苦瓜的苦味和14种调味料：菜子油、辣椒油、花椒油、香油、酱油、白糖、醋、精盐、豆豉、味精、芝麻酱、葱花、姜末、蒜末。

且看这道菜的做法：先将苦瓜洗净，对剖成两半，去掉瓜瓤、籽，顺长切成条状，放入锅内，煮至断生，捞出沥干水分，拌入少许精盐、香油，摊开晾凉。将砂锅放到火上，倒入菜子油烧热，下入豆豉炒酥，铲在菜板上，用刀剁茸，刮入碗内，加入酱油调匀，再加入白糖、醋、味精、葱花、姜末、蒜末、香油、辣椒油、花椒油、芝麻酱，调成怪味汁。将苦瓜放入盆内，加入怪味汁，拌匀，盛入盘内即成。

这道以苦瓜为主料的菜肴，各种味道十分和谐，也就具有了怪味的特点：脆嫩清香可口，咸甜麻辣酸鲜。

17

异味中的苦味

17 异味中的苦味

按照《现代汉语词典》的解释，异味有两种完全相反的意思：一是“不同寻常的美味”；二是“不正常的气味”。在查阅这部《词典》之前，提到“异味”，笔者很少想到它的美味异香，而多半会想到它“不正常的气味”：苦味、霉味、涩味、腥味、膻味、臊味、杂味、邪味、土腥味、哈喇味……

一般来说，有异味的菜肴不好吃，甚至不能吃。因此，烹饪原料中的异味，通常被列为清除的对象。清除异味中的苦味，随时进行，随处可见：

冷水去除苦味。苦瓜、萝卜、芋艿等根茎类蔬菜，体积较大，质地紧密，与冷水同时放在锅内烧煮，水沸以后略煮一下，即捞出切配。经过这样的初步熟处理，便可在冷水逐渐加热过程中去除蔬菜中的苦味。同样，内部污血较多、腥膻味较重的动物内脏和畜肉，也适于冷水锅去除异味。如果沸水下锅，原料表面突然受热而收缩绷紧，内部的异味不易排除或挥发。

热水去除苦味。芹菜、油菜、菠菜等体积小、质地嫩的蔬菜，投入沸水中汆烫片刻，立即捞出备用。经过这样的初熟处理，既可去除苦味，又能保持其质地脆嫩，色泽鲜艳。同样，鸡、鸭、蹄膀等体小质嫩的原料，内部血污较少、腥膻味轻，也适于热水去除异味和血污。

加工猪肝、鸡、鱼，不能碰破苦胆。切制猪肝，剖取鸡、鱼内脏，千万不要把苦胆碰破。因为胆液奇苦，污染到肉上，会使肉味变得很苦，很难去除，甚至不能食用。鱼的苦胆还有毒性，高温蒸煮也不易消除。一旦碰破了苦胆，需采取方法补救：用酒、小苏打或发酵粉涂抹在污染的肉面上，使胆液溶解，再用冷水清洗。

防止熏出苦味。采用熏制技法，烟中含有酚类物质，能赋予菜肴一种芳香气味，并去除异味。燃料碳化所产生的苦味，随烟气吸附到菜肴表面，刚熏制出来的菜肴带有苦味，只要晾一会儿，焦烟味挥发之后，苦味就会自然消失。但是，如果熏制时菜肴放得少，而燃料放得多，特别是糖多，产生的烟气大，菜肴就会附着大量的烟苦味。火候过猛或熏制时间过长，也都会使菜肴带有较重的苦味，苦味严重的，甚至无法食用。

防止熬出苦味。熬制糖浆时，火旺温度高，熬制时间长，而搅动少，火候不匀，就会出现糊边现象，糖浆又红又苦，从而影响菜肴质量，甚至造成烹饪失败。

苦味重的食物，用食盐多搓一搓，再用清水冲洗，能明显减轻苦味。

在烹制苦味菜肴时，加点肉类、鸡蛋或猪骨头，口味鲜美。

据报道，美国加利福尼亚林古针公司开发出一种新型调味剂——苦味阻断剂。这项研究的起因，是果蔬等烹饪原料的苦味难以去掉，厨师更加苦于“众口难调”。以往，厨师大多采取加糖的办法，用来掩盖苦味，但食客过多地进食糖，会引起心脏病、高血压，腐蚀牙齿。于是，便有了这种被称为“苦味阻断剂”的调料。它能骗过人的舌头，让食用者吃不出菜肴中的苦味。据介绍，这种“苦味阻断剂”的作用也不是无限的，它并不会让苦涩的东西吃起来和冰激凌一样甜美。

17 异味中的苦味

人们想方设法去除原料和菜肴中的苦味，除了“苦味阻断剂”之类的新产品，通常主要有四种方法：一是在原料加工时去除苦味；二是在投放原料时严格掌握；三是在烹饪火候上严格控制；四是在烹饪调味上合理搭配。

以最为常见的苦瓜为例，它长得疙疙瘩瘩，外表丑陋，可内里却绿得碧翠，绿得透明，宛如珍贵的玉石。人们在欣赏之时，不禁想起“不可貌相”那句话，甚至回避那个“苦”字，呼其别名——凉瓜。制作苦瓜菜肴时，有一个去除苦味的重要的环节，通过减弱苦味，达到“苦而适口”的目的。北京同仁堂养生馆编写的《蔬菜养生事典》，便以“苦瓜炖牡蛎”的制作过程，细数苦瓜去除苦味的前前后后、方方面面：

将苦瓜洗净，剖开后去瓤、籽，放入锅中焯一下，捞出，用冷水过凉，切成苦瓜片，备用。将牡蛎肉洗净，用刀斜剖成牡蛎片，放入碗中，加料酒、精盐、湿淀粉各适量，抓揉均匀，备用。烧锅置火上，加植物油烧至六成热，投入葱花、姜末，煸炒出香味，随即放入苦瓜片翻炒，并加入牡蛎片、料酒，熘炒均匀，加入鲜汤或清汤，大火煮沸，改用小火煨炖 15 分钟，待牡蛎肉熟烂，加精盐、味精，再煮至沸，用湿淀粉勾芡，淋入麻油即成。

这道“苦瓜炖牡蛎”，微苦而鲜嫩，清热又解毒，对舌炎、喉炎、口腔溃疡有较好的防治效果。可见，菜肴有必要保留的必要而适度的苦味。“烹调五味香”中的苦味，有益于变换口味，清心爽口，又能食疗食补。这时候的“口苦”，也就变成了“口福”。

18

美味中的苦味

18 美味中的苦味

我国地域广阔，各地的物产状况、地理条件、气候因素、民族特点、风俗习惯，迥然有别，由此形成了不同地区的口味喜好。人们常说：“南甜北咸，东辣西酸。”

“南北东西”抢占了“甜咸辣酸”。“五味”当中，唯独苦味不受宠。

想想也是，没有哪个地方的人嗜苦，没有哪个年龄段的人生来就吃苦为乐。一个婴儿的舌头，虽然还没有受过“应试”教育，但已经懂得趋甜避苦；成年人提起“苦”，也往往感觉不好：艰苦、痛苦、苦难、苦涩、苦闷、苦不堪言、叫苦不迭。

人们将“苦”与“甜”设计成反义词，果然有根据，有道理。一般来说，单纯的苦味不是可口的滋味。那么，作为“五味”之一的苦味，是不是就与美味无缘了呢？当然不是。

苦味并非执意与人们的口味过不去，只要苦味与其他调味品或原料配合得当，就会调制出独特的风味。美食美味，同样离不开苦味。

凉拌苦瓜。将苦瓜洗净，剖开，去瓤、籽，用凉盐水泡洗后，切成细丝，加入酱油、醋、香油、白糖、蒜末、葱花、味精，拌匀即成。凉拌苦瓜清脆爽口，五味俱全，具有清热去火的功效。

凉拌苦荬菜。将苦荬菜择洗净，用开水焯一下，用冷水过凉，捞出后控干水分，切成3厘米长的段，放入盆中。麻酱用凉水调好。将调好的麻酱、白糖、精盐、米醋、蒜泥倒入菜盆，拌匀即成。凉拌苦荬菜凉爽适口，具有开胃消食的功效。

芹菜拌海米。将芹菜去根、叶、筋，洗净，切成长 3 厘米的段，投入开水锅中焯烫断生，捞出，用凉开水过凉，控净水；海米放入碗内，加入温水泡发，将大粒海米切小；把焯好的芹菜段均匀地码放在盘内，再把发好的海米撒在芹菜上面，浇入香油、盐、味精，拌匀即可。芹菜拌海米清香酥脆，鲜咸爽口，具有清热凉血的功效。

莴笋炒肉丝。将莴笋去叶、皮、筋，洗净，切成长 3 厘米、粗 0.3 厘米的丝；猪肉洗净，切成与莴笋同样规格的丝。锅里放入猪油，烧至七成热时，下入肉丝煸炒，炒至肉丝变色时，放入葱末、甜面酱，炒出甜香味时，下入莴笋丝，快速翻炒，加入料酒、酱油、鲜汤，汤开时加入盐、味精，搅拌均匀，用湿淀粉勾芡，淋入花椒油，拌匀即可。莴笋炒肉丝荤素得当，具有益胃通乳的功效。

柚子海苔卷。柚子去皮，将果肉掰成细丝。虾洗净去壳，去肠泥，氽汤至熟。芦笋烫熟切段。海苔烤过。生菜切粗丝。取一张海苔片，包入柚子果肉、虾、芦笋、生菜丝，挤入少许沙拉酱，卷成漏斗状即成。柚子海苔卷鲜嫩清香，具有消食和胃的功效。

植物类的苦味烹饪原料，还有很多：苦菜、苦丁茶、芥蓝、山蘑子、山么楂、曲曲菜、马奶子、橘柚、广柑、柠檬……它们既有食用价值，也有药用价值。正如《皇帝内经》所说：“空腹食之为食物，患者食之为药物。”

根据中医“药食同源”的理论，还有一些也是食物的苦味中药材。例如：山药、大枣、山楂、生姜、杏仁、陈皮、茯苓、蜂蜜、黑芝麻、枸杞子、肉豆蔻、何首乌、罗汉果。这些药食两用的中药，寓医于食，性味平和，毒副作用微弱或者无毒副作用，是药膳的主力军。以山药为例，《本草纲目》说它“益肾气，健脾胃，止泄痢，化痰涎，润皮毛”，是地地道道的中药材，也是制作药膳的好原料。

山药粥——脾胃虚弱的补品。将山药洗净，切片，与粳米同时煮成粥。山药粥具有补脾胃、滋肺肾的功效。适用于脾胃虚弱、肠鸣泄泻、虚劳咳嗽、食少体倦，以及老年糖尿病、慢性肾炎。

滑炒山药——延缓衰老的佳品。山药去皮，切成斜片。在淀粉中加入鸡蛋、盐、味精、料酒，调匀，制成淀粉糊。将山药片放入淀粉糊中，沾匀。锅里加清水，烧至水大量冒泡时，将调好的山药下锅，先滑住外层，再清炒即成。滑炒山药具有调气养胃、补虚抗衰的功效。适用于脾胃虚寒、身虚体弱，能延缓衰老。

山药烩素菜——减肥瘦身的食品。山药、莴苣、胡萝卜去皮，洗净，用挖勺挖成球状。芦笋洗净、削皮、切段。炒锅置火上，放入素油、生姜、葱，爆香，加入鲜汤烧沸，拣去姜、葱。放入山药、胡萝卜、莴苣、芦笋，烧透，调入盐，勾芡，淋上麻油，加入味精即可。山药烩素菜具有补虚、利尿、消肿、减肥的功效。适用于身体肥胖。

山药糕——治疗遗尿的上品。山药洗净去皮，捣烂如泥，加入山萸肉，上笼蒸熟。吃时加少许白糖。每天当点心食用。山药糕具有补脾肾、止遗尿的功效。对遗尿有较好的疗效。

制作苦味菜肴，除了植物、中药材，还有很多可以增强苦味的食物原料：可可、咖啡、啤酒、巧克力、茶……

苦味食品，不仅能满足人们饮食口味的需求，还具食疗食补的作用。

19

五味调和醋为先

19 五味调和醋为先

俗话说："煎炒烹炸盐为主，五味调和醋为先。"

这"俗话说"，也就是通俗的说法，当地的习惯说法，同行的习惯说法。既然厨行都说"五味调和醋为先"，那就肯定是有道理的。这不，笔者也能为此找出几条根据来：

一、明醋。将少许醋放在盘底，然后装入炒好的菜。如：白炒鱼片。

二、暗醋。将醋预先调拌在菜肴中，多用于凉菜。如：辣白菜。

三、响醋。菜肴即将出锅时，将醋洒在锅边，发出响声，把醋香味炝进菜肴，美味四溢。如：炒腰花。

四、闷头醋。将醋调在调味汁中使用。如：醋熘桂鱼。

五、毛姜醋。生姜米加醋再加少许酱油，多用于蘸食。如：氽鲫鱼汤（佐料）。

六、姜醋。醋中放少许姜米，多用于蘸食。如：盐水蟹。

七、光醋。单独用醋，多用于蘸食。如：水晶肴蹄（佐料）。

当然，对醋的理解和使用，还是烹调五味香的名厨大师们更具权威性，更有"话语权"。在他们看来，"五味调和醋当先"的"先"，只要四点就可以概括了：

一、用醋矫正原料异味。在烹饪实践中，用醋矫正或去除水产品的腥味、畜产品的膻臊味、野菜的土腥味。

二、用醋给无味者赋味。不少菜肴原料味淡，包括鱼翅、海参、猴头、燕窝等名贵原料，本身并没有明显的味道，用醋调味，提鲜、添香，赋予菜肴美味。

三、用醋确定菜肴口味。防止“千菜一味”，不少菜肴的特有味型，都要用醋来确定。例如，酸味型、酸辣型、酸甜型、姜醋型、茄汁型。

四、用醋增加菜肴香味。醋具有一种特殊的香味。菜肴里的醋香，更容易激发人的食欲。

果然是这样，“只要有了醋，调味不发懵”。下面这些五花八门的菜肴，味道那么适口，就在于“醋为先”：

过咸的食物，加点醋，可中和咸味。

煮甜粥，加点醋，甜粥更甜。

蒸馒头，在锅内加点醋，再蒸一小会，能去除馒头的碱味。

鱼将要煮好时，加点醋，能去除腥味。

腌渍小菜，加点醋，能去除苦味。

煮卷心菜，加点醋，能去除怪味。

烧煮羊肉，加点醋，能去除膻味。

炒土豆丝，加点醋，香脆又可口。

菜肴太辣，加点醋，辣味会减轻。

萝卜丝太辣，加点醋，口味就会变得柔和。

土豆烧牛肉，加点醋，肉酥松，味香美。

烤鱼、烤肉，在烤网上抹点醋，能防止烤出焦糊味。

动物内脏器官，经醋水浸泡，能去除血腥味。

吃生鱼片，酱油里加点醋，能去除腥味。

吃火锅时，锅里加点醋，味道更鲜美。

巧用醋的实例很多。那么，为什么醋在调味中如此神通广呢？这就需要进一步探讨烹饪调味的科学知识——知其然，还要知其所以然。下面的几个菜例，便可“以菜说醋”：

1. 炒豆芽放醋好。豆芽冰肌玉质，味甘性平，清脆可口，营养丰富。它既保留了豆的特点，又兼有绿叶蔬菜的特征，含水量高，有豆腥气。炒豆芽时，容易出汤，经不起长时间加热。所以，炒豆芽放点醋，醋酸对豆芽中的蛋白质有显著的凝固作用，可以防止豆芽出水软化，有助于增强豆芽脆嫩度，消除豆芽的豆腥气，还能起到保护营养素的作用。

2. 快法炖鸡巧用醋。为了充分发挥醋酸去除鸡腥味的优势，先将鸡整理干净，切成相当红烧肉大小的块，倒入热油锅翻炒，炒至锅内没有嘶嘶响声时，倒入陈醋或熏醋，迅速翻炒，当鸡块在锅内发出劈劈啪啪的爆响时，加入热水，没过鸡块，旺火烧开，加入酱油、盐、葱、姜、白糖，改用小火沌至鸡肉软烂，淋上香油。这种快法炖出的鸡，被称为“香醋炖鸡”，快速软烂，色泽红润，味鲜不腻。

3. 烹制鱼巧用醋。鱼的腥味会随着水蒸气消失一部分，但醋的去腥效果更为明显。烹制鱼时，加点醋，能去除鱼的腥味，又能散发出诱人的鲜香气。同时，醋能促使鱼骨、鱼刺里大量的钙与醋酸化合，从而转化成易溶于水的醋酸钙，有利于人体吸收，提高钙的利用率。

4. 吃松花蛋离不开姜醋汁。松花蛋多是鸭蛋腌制而成。鸭蛋本身有一种水草腥味，腌制时又有松枝、石灰所产生的氢氧化钠等物质渗透入蛋体，加上蛋白质分解产生的氨气，会使松花蛋出现较强的碱涩味。姜醋汁含有挥发油和醋酸，能抑制异味，且有杀菌解毒作用。蘸姜醋汁吃松花蛋，能改善松花蛋的风味，提高松花蛋的食用价值。

拌菜放点醋，保护维生素。拌制的菜肴，少油少盐，不经过高温加热，质地脆嫩，口感清香，能最大限度地保存蔬菜的维生素和膳食纤维。拌菜的这些优点，离不开醋的作用：杀菌消毒，消食化积，活血化瘀，开胃爽口。醋里含有的醋酸，是浓度很低的弱酸，不会破坏蔬菜中的维生素和膳食纤维。

20

醋也酷

这个标题，是借用一本书的书名。在《醋也酷》这本书里，收入沈宏非、唐鲁孙、巫昂、殳俏、洪烛等多位写食高手的文章，清一色地说酸道醋，光是目录下的标题就足以表达“醋也酷”：《将进醋》、《醋之酷》、《酸风醋浪》、《酸的历程》、《酸无止境》、《酸溜溜的醋话》……

在开篇《醋也酷》的“引子”里，是以醋壶和醋瓶子开头的：

朋友们在海鲜馆吃饺子，有朋友指着桌上的两个瓷壶说，高的那壶里面是醋，低的是酱油。其他人不信。该文作者还当即与那位朋友打了赌。结果那位朋友赢了。据那位朋友说，一般来说，餐馆的醋壶要比酱油壶略高一些，这是因为有个“高醋”之说。至于何以有此一说，也许是“约定俗成”。在“醋壶”之后，写及“醋瓶子”：再有就是“半瓶子醋”的提法“一瓶子不满，半瓶子晃荡”。厨房里搁半瓶子醋、半瓶子酱油、半瓶子花生油，是常有的事。奇怪的是，讽刺那些学问不大而喜欢卖弄的人，为什么偏偏用醋，而不是酱油或花生油呢？

看来，醋不仅仅是调味品，醋里面也有文化。无论品味调味品，还是研究醋文化，都不能“半瓶子醋”，古代先贤为我们做出了很好的榜样。比如，得出“先有酸后有醋”的结论。

据历史学家和烹饪学家考证，五味调和的饮食时代，发端于原始农耕文化时期。在此之前，人类的饮食与动物没有多大区别，在无滋无味中充饥果腹。进入火食阶段以后，随着原始烹饪技术的发展，开始了调味的实践，以酸、甜、苦、辣、咸五味为代表的滋味，成了人类饮食追求的重要目标。因此，烹饪也才有了烹调的内涵。调——调和五味，调出千滋百味。

据文献记载，商周时代有了比较成熟的调味理论，确立了常用的调味品。商代使用的调味品，主要是盐和梅——盐咸、梅酸。咸和酸成了五味中的主味，正如《尚书》所说："若要作羹，尔惟盐梅。"先是调咸，继而调酸，人类从此摆脱了饮食无滋无味的漫长岁月。

2000多年前，人类还不知道醋为何物。梅，是古人最早使用的酸味调料。

古人发现，食用谷物时，有了佐餐的食物和多变的滋味，进食过程就变得更顺利了。所以，古人把梅子捣碎，取梅汁，作成梅浆——有酸味的浆，用于烹调。此后，古人又发现，粟米也可以制成酸浆。再以后，古人在制作酸浆的基础上，又加上曲，利用曲发酵，做成苦酒——早期的醋。

到了北魏时，醋的加工技术已经成熟。《齐民要求》中记载了酿醋的多种方法：大麦酢法、烧饼酢法、糟糠酢法、酒糟酢法等等。

关于醋的发明，有多种版本，说法不一。文字记录较多的，是"酒醋同源"，"杜康造酒又造醋，还造了个'醋'字"。

曹操的《短歌行》中说："何以解忧，惟有杜康。"正是发明了造酒技术的杜康，在对酒糟进行综合利用时，又发明了造醋技术。能够证明这种说法的，还有一个流传至今的故事：

杜康造酒的酒糟，最初被当成废物扔掉了，久而久之，越扔越多。对这种浪费，杜康感到很可惜，便想变废为宝，把酒糟利用起来，再酿造出有用的东西。说干就干，酒糟被放到一口缸里，试探着往缸里加水，到第21天酉时，这“酒糟缸”里冒出了一种特殊的味道。杜康打开缸，尝罢缸里的“糟汁”，又酸又甜又香。紧接着，杜康将这缸里的“糟汁”滤出，装到另一口缸里，还给这“糟汁”起了个“调味浆”的名字。后来，杜康将“调味浆”外卖，大受欢迎，生意越做越大。杜康又想给这“调味浆”起个更好听的名字，想来想去，想到了发现这种“调味浆”的时间是第21天的酉时，“二十一日”是个“昔”字，“昔”日的“酉”时。把“酉”和“昔”合起来，就成了“醋”字！

“先酒后醋”，杜康不仅使造酒原料得到了综合利用，还发明了十分重要的酸味调料。醋的问世，给调制酸味带来了明显效果和巨大方便。陶谷的《清异录》称：“酱，八珍主人也；醋，食总管也。”古往今来，醋在调味品中，一直占有十分重要的地位。

醋是最早拥有名牌的产品之一。1992年出版的《考吃》一书曾有介绍：“醋之名品，唐有‘桃花醋’，元有‘杏花醋’，明有‘正阳伏陈醋’……”

酿醋的原料多，配方多，品种自然也多。李时珍的《本草纲目》就记录了各种各样的醋：米醋、糯米醋、粟料醋、小麦醋、大麦醋、糟糠醋、饧醋。这些传统醋经久不衰，各种创新醋也不断推出：凤梨醋、苹果醋、葡萄醋、麦芽醋……

醋的消费量大，生产醋的企业遍及各地，醋的风味也各具特色：柔和的天津米醋、焦香的山西熏醋、鲜艳的镇江香醋、味厚的四川保宁醋……

醋的品种越来越多，如何食用也越来越有讲究。一位刘阿姨在报上发表文章，谈她购买调味品的经验，对食用醋，不只是买“酸”味，而是各有其用：拌凉菜，选择米醋；烹制鱼类菜肴，去腥提味，选择陈醋；吃饺子则选择香醋。她更兴奋于当今不断细化的醋产品：饺子醋、海鲜醋、姜汁醋、蒜汁醋、饮料醋、精品醋……

人们说到日常生活时，“开门七件事，柴米油盐酱醋茶。”醋，是日常生活不可缺少的调味品。

人们提及五味时，通常的排位顺序是：酸、甜、苦、辣、咸。酸被摆在了第一位。

人们还时常用“酸甜苦辣”来概括饮食和生活中的各种滋味，酸，也被摆在了第一位。

先是有了酸，继而有了醋，人们的生活也才越发有滋有味……

21

酸菜，酸梅，酸溜溜……

21 酸菜，酸梅，酸溜溜……

酸汤鲤鱼，酸辣鱼皮，酸辣吊肚，酸辣笔筒鱿鱼……这些菜肴的酸味，都来自醋。通常，人们一提到酸味，首先想到醋。其实，除了醋，还有一些发酵物，也在酸味家族里扮演着很重要角色。

酸梅。人类调制酸味，是从利用酸梅开始的。北京的一些“老字号”餐馆，如今仍制作“酸梅汤”：把酸梅放在水里泡过或煮过，加入糖，制成冷饮，酸甜味美。人们期盼酸梅产品经久不衰，与时俱进。梁实秋就曾在《雅舍谈吃》中发出感叹：“我不知道为什么没有人动脑筋把信远斋的酸梅汤制为罐头行销各地，而一任‘可口可乐’到处猖狂。”

酸汤。在贵州黔东南一带，素有吃酸的习俗，家家都会制作酸汤。煮饭时，把锅里的米汤适时舀入瓦罐，加入母汁，经7~8个小时的发酵，这汤就有了解渴、解暑、解腹痛和助消化的功效。当地有稻田养鱼的习惯，用这种酸汤烹制的“酸汤鱼”，鱼香芬芳，清嫩酸软，是一道独具地方特色的待客佳肴，还被收入《中国名菜谱》。

酸菜。酸菜有很多种吃法：酸菜馅饺子、酸菜鱼汤、凉拌酸菜、酸菜炖粉条、酸菜炖小鸡，等等。酸菜心，是酸菜的珍品。小小的酸菜心，颜色嫩黄，娇柔滴滴，生吃特别爽脆，能快速体验到酸。一位朋友特别喜欢吃酸菜心，却一直难以表达那种酸的感觉，后来在一个药品说明书上看到一个新词：钻舌感。顿时兴奋起来：酸菜心的酸，充满了钻舌感！酸得让人顿感清心明目。东北人都会渍酸菜。每当冬季来临，大白菜一上市，家家户户都要积存一缸缸酸菜，自家吃，也常送给外地的亲戚朋友，共享酸味。如今，酸菜因其“酸”而走出东北，遍及各地饭店，成了餐桌上的一道家常菜。雪村的一曲《东北人都是活雷锋》——“翠花上酸菜”，更是给酸菜作了很好的广告！

酸溜溜。在陕西南部山区，每到秋后，山民们把芹菜、萝卜叶、莲花白等青菜煮到七分熟，装到缸里，再加入几勺烧开的豆浆或包谷汤子、凉开水，用一块“捶布石”压在上面。过了十天半个月，缸里的青菜就变成了酸菜，缸里的水也变成了酸浆水。家家户户都要腌上几缸，一直吃到第二年春天。酸菜就饭吃，酸浆水用来调拌米饭和菜肴。这种自制的酸溜溜，酸味悠长，酸得爽口，越吃越爱吃，代代相传，祖祖辈辈不丢这酸溜溜！

酸味菜肴，有一种贫富不移的高尚品格。拿酸菜来说，在生活困难时期，酸菜是穷苦人家的主菜。它成本很低，制法简单，又容易贮藏。没有大鱼大肉，喝着稀粥，咬口酸菜，三下五除二，便可解决一顿饭。“喝着稀花粥，配着酸菜根”，曾是穷苦人家饮食生活的写照。因此，有人怀疑“寒酸”、“穷酸”的“酸”，是否因酸菜而来，查无考证，也就不敢确言。当人们进入全面建设小康社会的历史新时期，饮食生活发生了从“有啥吃啥”到“吃啥有啥”的巨变之后，酸菜依然时常光顾人们的餐桌。这是因为酸菜本身特有的功能。酸菜对油腻食物能起中和作用。大鱼大肉，吃得腻腻的，很容易反胃，到了该吃下顿饭的时间，仍无食欲，精神恹恹。这时喝上一口清爽的酸菜汤，会顿觉精神，食欲涌来。据说，有个80后的女孩，见了猪白肉就吞不下去。有一次她和东北名菜“汆白肉”不期而遇，居然吃得津津有味，仿佛刚刚发现白肉原来是这么好吃。更出乎家人意料的是，这个麦当劳、肯德基的“回头客”，还悄悄地学会了这道菜的制作：

猪肉切成薄薄的片，酸菜切成细细的丝，粉丝泡透。炒勺里放入鲜汤，烧开，放入肉片、酸菜、粉条，开锅后移至小火，撇净浮沫，加入精盐、味精，花椒水，炖熟。成熟后调入少许白醋、胡椒粉，盛入汤骷子中，加入香菜、香油。这道汆白肉就做成了。肉肥而不腻，菜嫩而汤鲜，利口又开胃。

提到酸菜为主料的菜肴，通常不会漏掉“酸菜熬土豆”，这也是一道很著名的东北家常菜。因为这道菜，还使《歇后语大全》里多了这么一句：“酸菜熬土豆——硬挺。”

歇后语是一种短小、风趣、形象的语句。它由前后两部分组成：前一部分起“引子”作用，像谜语；后一部分起“后衬”作用，像谜底。前后联系起来，十分自然贴切。在一定的语言环境中，通常说出前半截，“歇”去后半截，就可以领会和猜想出它的本意，因此就称为歇后语。“酸菜熬土豆——硬挺”，这个歇后语也反映了烹饪活动中的真实。因为土豆含有大量淀粉，与酸菜水想遇，土豆就会变硬。但是，从烹饪技术的角度来看，“酸菜熬土豆——硬挺”，则属于投料顺序不对造成的烹饪失误。酸菜和土豆同时下锅炖，土豆会变硬；酸菜先下锅，土豆后下锅，土豆会更硬。那么，先把土豆炖熟，临吃时再下酸菜，土豆就不硬了。

制作酸味菜肴，技巧多多。只有不断地总结和交流，才能提高酸味菜肴的质量，感受不一样的酸：有的酸味绵长，柔和可口；有的酸味醇厚，稍有甜味；有的酸而不涩，质地浓稠；有的酸味甘洌，醋汁澄清……

22

调味“四君子”

22 调味“四君子”

民谚说：“杀毒四将军，调味四君子。”这“四将军”和“四君子”，都是指调味料——葱、姜、蒜、辣椒。它们有一个共同的特点——辣。

葱，是“厨房必备”的“调味佳品”、“菜中要物”。

烹制菜肴大都离不开用葱调味，特别是海鲜、肉类菜肴，葱具有很好的除腥去膻作用，能增进食欲。在食不饱腹的年代，山东人说“大葱蘸酱，越吃越胖”。在东北民间则一直流行“小葱蘸酱，越吃越香”的说法。在小品《卖拐》里，赵本山通过范伟“身上一股葱花味”的细节，准确猜测出范伟的厨师身份，可见厨师经常与葱打交道。

羊角葱，因葱的外型像羊角而得名；鸡腿葱，因葱的外形像鸡腿而得名；章丘大葱，产自山东章丘地区，植株高大，茎长而粗，葱白肥大脆嫩，辣中带甜。诸如此类的大葱小葱，原产我国西北地区，从野生到农家种植已有三千多年历史。葱头，俗称“洋葱”、“球葱”，最早出现在古希腊和罗马，逐渐传入其他国家。我国的葱头，是经波斯、阿富汗传入的，也有了近百年的历史。

姜，有独特的辛辣味，与葱、蒜、辣椒并称“四辣”。

根据姜的成熟度和贮藏时间，分为老姜和鲜姜。老姜质地老而有渣，辣味较重，多用于矫味、调味；鲜姜质地脆嫩无渣，辣味较轻，多用于菜肴配料或酱菜原料。老姜和鲜姜，有时也通用。姜既是调味料，也可制作各种食品。除了姜汤、姜粥、姜茶、姜酒、姜油，还可以制作蜜饯——糖姜片、糖果——生姜糖。

我国自古就有栽培姜的记载。按植株形态和生长习性分为两类：蔬苗型，姜块肥大，多为单层排列，主要品种有山东莱芜大姜、广东疏轮大肉姜；密苗型，姜块多，双层或多层排列，主要品种有浙江红爪姜、贵州大白姜。洋姜，又名菊芋鬼子姜，虽然也称“姜”，但没有生姜的辛辣味，在生物学特性和食用方法上也与生姜不同。洋姜原产于北美，传入我国不到百年，主要用于腌制酱菜。

蒜，是公元前139年张骞出使西域时带回我国的。从此，蒜在我国广泛栽培，有紫皮蒜、白皮蒜、独头蒜、狗牙蒜等品种。

在元代的《农书》中，蒜被列为“食经之上品”，说它“气极荤，然以入臭肉，掩臭气，夏日食之，解暑避瘴气。北方食肉饼，不可无此。”以蒜入馔，蒜头的用途的确很广：蒜瓣整用，如四川的大蒜鲶鱼、云南的蒜烧熊掌、广东的蒜子瑶树脯；蒜片、蒜米多用于爆炒类菜肴；蒜泥多用于调拌成菜，如四川的蒜泥白肉、贵州的蒜泥慈菇、东北的蒜泥茄子；蒜泥也可与甜酱、麻油等调和成“老虎酱”。蒜头还可以腌渍糖蒜、醋蒜、糖醋蒜、蜂蜜蒜、泡蒜等。

人们吃蒜，不只吃蒜头，还吃青蒜、蒜苔、蒜黄。青蒜，又称蒜苗，可以凉拌，可作配料，可用于佐料，还能起到配色作用；蒜苔，又称蒜毫，可单炒，也可配以肉类原料或炒或烧；蒜黄，蒜叶嫩黄，辣味清淡，质地柔嫩，是炒食的佳蔬。

辣椒，原产南美洲，16世纪传入我国，它是辣味原料的代表。

22 调味“四君子”

据说，世界上最辣的辣椒，是智利的红指天椒，被称为“地狱之火”。把这种辣椒折断或切开，在嘴唇上碰一下，嘴唇立即就会肿起来。种植或加工红指天椒的地方，都要设立危险标志。

我国辣椒产量居世界第一，辣椒品种多，各地都有喜欢吃辣椒的人，“无辣不欢”。

有人这样评价中国吃辣椒的“三甲”：江西人不怕辣，四川人辣不怕，湖南人怕不辣。吃辣椒比赛，也成了报刊上吸引眼球的新闻：2001 年 8 月底，全国吃辣高手将云集温州，争夺中国电视吉尼斯吃辣椒大赛的桂冠；2007 年 9 月 1 日，吃辣椒比赛的“京城辣王”诞生；2008 年 11 月，寻常故事私房菜馆和美味 ING 东南亚私房菜联合主办“你够辣吗？朝外 SOHO 辣椒节”，参赛者尽情享受辣而美味的菜肴。

上述四种辣味调味料——葱、姜、蒜、辣椒，适用人群广泛，消费数量巨大，也就备受推崇，称之为“调味四君子”、“葱姜蒜椒，四大调料”。它们能使人的舌、口腔、鼻腔粘膜感到痛觉，而且“痛并快乐着”。

适度的辣味，能增强菜肴的风味，促进食欲，吸收营养。所以，人们不断挖掘和创新辣味调味料，享受更多的辣味。

23

辛 与 辣

23 辛 与 辣

文字专家的考证，也有利于烹饪调味研究。拿“辛”与“辣”来说，在我国古代，没有“辣”字，“辣”叫做“辛”。

战国末期，屈原在《楚辞·招魂》中说：“辛甘行些。”对此的注释是：“辛，谓椒、姜也。”椒、姜，都是辣味调味料。可见，这里是以“辛”代“辣”。在离合体字谜中，谜面“半甜半辣”，让“甜”字的“舌”和“辣”字的“辛”合为一个字：辞。这也可证明：辛代表辣。

汉代，许慎的《说文》中出现了“辣”字，并说“辛甚曰辣”。可见，辛与辣，二者只是在程度上有差别。

明代，高濂的《遵生八笺》有了关于辣椒的描述：“番椒丛生，白花，果俨似秃笔头，味辣色红，甚可观。”人们据此认为辣椒是明代传入我国的。在辣椒传入之前，我国便有了辣味调味料：花椒、胡椒、芥末……

花椒，味辛性温。我国食用花椒的历史悠久。《诗经·唐风》记载：“椒卿之实，番衍盈开”；《山海经》记载：“琴鼓之山，其木多椒，景山多秦椒”；《齐民要求》记载：“花椒用于腊脯”。自古以来，花椒在烹饪中的用途广泛。花椒与盐炒制而成的椒盐，用于腌鱼、腌肉、风鸡、风鱼；捣碎的椒盐，用于蘸食干炸类菜肴；花椒粉、葱末、盐拌成的葱椒盐，用于腌渍叉烧鱼、炸猪排；以油炸制的花椒油，用于凉拌菜肴；炖羊肉用花椒除腥膻；盐水鸭、盐水虾需用花椒卤制。提起“味在四川”，人们就会想到“川味三椒”——花椒、胡椒、辣椒。

胡椒，味辛性热，被列入麻辣调味品。胡椒分为两种：未成熟果实干后果皮皱缩而黑，为黑胡椒；成熟果实脱皮后色白，为白胡椒。黑胡椒和白胡椒的种子是一样的，但加工和使用各不相同。白胡椒面多用于撒在菜上或汤里调味，粉碎的黑胡椒多用于烧烤，一面黑，一面白，诱人食欲。以牛肉、羊肉、鱼类、贝类、软体动物为原料的菜肴，加入胡椒粉，能去腥增香。炖鸡、烩豆腐，放入胡椒粉，风味更佳。制作辣酱油、腌制萝卜干、榨菜、腊肉，加入胡椒粉，更鲜香可口。胡椒的辣味不像辣椒、大蒜那么强烈，而是一种轻微的辣。

芥末，以含油多、辣味大、无异味、无霉变者为佳。用温开水将芥末搅拌成糊状，在常温下焖制1~2个小时，发出强烈的辛辣气味时，即可使用。凉拌菜肴和小吃，如芥末拌鸭掌、芥末拌肚丝、芥末调凉粉、芥末墩儿；烹制热菜芥末肘子；芥末还用于面食的提味。早在3000多年前，周代宫廷就有了以芥末为原料的芥酱。

辣味调味品种类很多，辣的程度也不一样。这是因为，辣的滋味构成比较复杂：

葱的辣味，是由硫化丙稀构成的。

姜的辣味，是由姜油酮和姜油酚构成的。

蒜的辣味，是由硫化丙稀构成的。

辣椒的辣味，是由辣椒碱的辣椒素构成的。

花椒的辣味，是由柠檬醉和枯醉构成的。

胡椒的辣味，是由辣椒碱和辣椒素构成的。

芥末的辣味，是由黑芥子苷构成的。

这些辣味，都具有刺激性、芳香味，能除腥，解腻，助消化，通窍，刺激胃液分泌，增进食欲。

谁也不至于说他一生没吃过带辣味的东西，因为带辣味的东西实在太多了。除了葱、姜、蒜、辣椒、花椒、胡椒、芥末外，还有很多。例如：丁香、肉桂、豆蔻等调味料，既芳香，又辛辣；某些萝卜也有辣味，特别是“马萝卜”，干脆称之为“辣根”。

据考证，对辣味领略最多、时间最长的，当数四川人。古代的巴蜀，人们就有喜食辣味的饮食习俗。晋代常璩的《华阳国志·蜀志》便记录了蜀人“尚滋味”、“好辛香”。这个“辛”字，在汉语词意中，就是辣味。

巴蜀气息浓郁的川菜，又不只是一个“辣”，而是具有不同风味的不同辣法：麻辣、香辣、酸辣、辛辣、干辣……

对于川菜的辣，调味专家进行广泛而深入的研究之后，认为川菜给人表相是麻辣，而核心却是一个“香”字，是香辣。四川人爱说“五味调和百味香”，抓住一个“香”字和一个“辣”字，就能变化多端，调制出油香辣、酸香辣、酥香辣、酱香辣、醇香辣、甜香辣、芳香辣，辛香辣、清香辣、鲜香辣……香香辣辣，特色鲜明。

对辣味的研究，如今已不只是调味专家的事，就连作家出版社也在出版这方面的书，一部《左烧烤右煨汤》，分为两个部分，其中之一便是“一辣红天下”：考证“辣椒的起源”，评说“辣之最”，划分“辣椒的段位”，讨论“我们为什么吃辣椒”……

有一位走南闯北的朋友，这样谈及他对各地吃辣的印象：四川人喜欢的辣是麻辣，湖南人喜欢的辣是燥辣，贵州人喜欢的辣是干辣，湖北人喜欢的辣是温辣；陕西人喜欢的辣是一点都不拐弯的硬辣……

24

“变态辣”还是正常辣?

24 “变态辣”还是正常辣？

“真理再前进一步就是谬误”，所以，就应该对“变态辣”提出质疑。

变态，与常态不同，是不正常的状态。那么，“变态辣”也就超出了辣味的正常范围，给人们的饮食生活添加了一个不和谐的音符。

这里所说的“变态辣”，是“变态辣鸡翅”的简称——只强调其“变态”的“辣”，至于是鸡翅还是别的什么都无足轻重了。

在经营“变态辣”的店家，食客们既可以展现自己吃“变态辣”的特殊感受，也可以观察别人吃“变态辣”的非凡经历；大家一起毫无顾忌地大声喊辣也很过瘾，当众辣得泪流满面也不丢脸；食客可在店家的墙壁留下“肺腑之言”，店家也可把食客一把鼻涕一把泪的照片贴在显眼处。当然，也有人因吃“变态辣”而进入医院，由常人变成了病人。

这种辣而又辣的鸡翅，即使嗜辣如命的食客，也会声泪俱下。

据报道，在成都、南京、北京等大城市，都有“变态辣”，甚至掀起一股不大不小的热潮。

辣，在生物学上有这样的解释：口腔黏膜受到辣味素刺激所产生的轻微痛觉，而这种痛觉可以促进大脑释放一种具有安慰效应的物质，让人体验愉快的情绪。但是，“变态辣”的辛辣程度远远超过“轻微痛觉”，自找的那种辣的痛感，简直就是一种自虐行为。那么，“变态辣”为什么还能受到一些人的热捧呢?

心理学家说，人们经常会有很矛盾的需求。比如，渴望冒险带来令人兴奋的体验，可又对安全担心。“变态辣”的出现，正好满足了这样的心理需求——安全地冒险——轰轰烈烈地在味觉上体验一把冒险的快感。其实，这种认识也很值得质疑，因为确有因辣致人于死地的记录。

2003年作家出版社出版的《左烧烤右煨汤》写道：1992年，在墨西哥杜伦乌市举办的吃辣椒大赛上，选手甘莫斯立志夺魁，一气吃掉13个红指天椒。5分钟后，他惊叫一声，随后死于被称为“地狱之火”的辣椒。从此，保险公司拒绝给吃这种红指天椒的任何比赛保险。

2008年10月，《健康时报》报道：最近英国一个嗜吃辣的男子，一天里吃掉一盆自制的辣椒酱，第二天突然去世——死于吃辣椒过多。

对此，北京友谊医院消化内科的医师评论说，辣椒素很刺激胃黏膜，使胃肠道受损；辣椒素进入血液，会诱发心血管疾病；辣椒素对肾脏也有伤害。

这样的报道，并非危言耸听，而是在提醒人们，可嗜辣但不可逞强吃辣，不要挑战所谓的“变态辣”。患有胃肠道疾病、心血管疾病、肾病的人，更要注意吃辣适量。辣味菜肴的经营者，制作辣味菜肴的厨师，在“辣”上做足文章，本无可非议，但并非“越辣越好吃”，也不是“再辣都不过分”，当然也就没必要搞什么“变态辣”。

下面介绍几种辣味调味料的制作和使用方法：

1. 配制辣味油。尖辣椒50克、豆油500克、鲜姜25克、葱 50 克。先将豆油烧热，然后将葱、姜投入油中，油冒烟时加入辣椒炸焦，将葱、姜、辣椒捞出，待油晾凉即成。

2. 配制花椒油。猪油 500 克、豆油 500 克、葱 75 克、姜 50 克、花椒粒 10 克、大料 10 克、蒜 25 克。先将豆油烧热，加入猪油烧开，投入拍松的葱、姜、花椒、大料、蒜瓣。待各种调料炸焦后，捞出不用，把油晾凉，装入容器即成。

3. 配制花椒盐。花椒粒 100 克、盐 50 克。先将花椒粒炒至金黄色，压碎，磨成细末，筛去大皮。将盐炒干。把花椒面、盐面同时放入勺内炒至老黄色，出勺晾凉即成。

4. 配制芥末糊。芥末粉 500 克、温开水 175 克、醋 175 克、植物油 50 克、白糖少许。先在芥末粉中加入温开水、醋，搅拌，再加入植物油、糖，搅拌均匀，然后放在凉爽处盖好，存放 4~6 小时，即可使用。

5. 切辣椒。顺切是顺着辣椒的长度下刀，切辣椒片或辣椒丝；斜切多为不规则的辣椒片；横切辣椒通常只用于干的红辣椒，先将辣椒治净，用水冲一下，使辣椒回潮，然后切成小圈儿。辣椒越辣，切后的形状应越小。

6. 巧用胡椒粉。胡椒粉含有大量的黑椒酚，辣味浓厚，是极易挥发的调味品。用胡椒粉做汤菜时，在出菜前投放，能避免挥发，味道鲜美。

7. 巧用辣根。辣根是十字秆植物的茎块，常用于鱼类和海鲜菜肴调味。辣根与醋或酒混合调味，能增强菜肴风味。辣根也可与奶酪或蛋黄混合，制成浓调味汁或辣根酱。辣根的嫩苗还可作为凉拌菜的配料。

8. 巧用姜。切成姜丝，与青红辣椒丝、肉丝同炒，香辣鲜嫩，风味可口；姜丝用于清蒸鱼、清蒸蟹、醉虾，能杀菌消毒、防止腹泻；姜丝作为凉菜配料，既可增鲜，还能杀菌。切成姜块或姜片，用于菜肴的炖、焖、煨、烧、煮、扒，能去除水产品、禽畜类原料的腥膻气味。切成姜片后拍松，用于清炖甲鱼，姜味四溢，汤清味醇。切成姜粒，直接入菜或作为吃松花蛋、吃螃蟹的调料。切成姜末，用于菜肴的炸、熘、爆、炒、烹、煎，能增香提鲜。制成姜汁，用于鱼丸、肉丸、虾丸、肉饼、鸡茸等馅料，能去腥解膻，增色添鲜。

25

盐是百味之王

“盐是百味之王”；“五味调和盐当先”；“盐为五味之首”；盐，“五味之中，惟此不可缺”……

在调味品中，盐有着至高无上的地位。这不仅通过民间谚语的形式广为流传，也出现在古今很多文人的笔下。苏东坡说：“岂是闻诏解忘味，尔来三日无食盐”；一位诗人开办私房菜餐馆，取名“天下盐”——天下第一味的意思。古往今来，人们对调味料中的盐，推崇有加。可是，2009 年 10 月 8 日，北京市在全国率先启动全民控盐行动。这是为什么呢？

原来，这一天是我国第 12 个“全国高血压日”，由中国疾控中心和北京疾控中心联合启动这一行动，号召“减少食盐摄入，预防控制高血压。”调查显示，北京市 15 岁及以上居民高血压患病率为 25%，即 4 个成年人中就有一人患高血压，居全国首位。调查同时证实，居民日常食用盐量过高，是导致高血压等疾病高发的重要因素。

那么，怎样控制居民的食盐摄入量呢？对居民进行生活方式干预，便是一个有效的办法。于是，国家有关部门向居民发放“限盐勺”，每平勺装盐 2 克。这样，盐多勺子有准。有了“限盐勺”，每人每天 6 克食盐的标准就好掌握了。

百姓家中的“限盐勺”，很容易让人们联想到厨行的那句名言——“好厨师，一勺盐”。这“一勺盐”，是个泛指，包括满勺盐、半勺盐、大半勺盐、小半勺盐、勺底盐……正是由于这个数量上的不确定性，在众多菜谱的调味料里，便有了一个模糊的提法："盐少许。"

少许是多少？没有人告诉你，那是不可言说的部分，需要沉默的部分，也可以称为私人的秘密。因为与之相关的因素很多：口感的，经验的，习惯的，受各种因素影响的……

中餐厨师很在意这个"少许"——多一分则多，少一分则少。尽管还是那个勺，可你不是那个人，不是那只手，没有那个手感，没有那个绝活，你勺里的盐就不是恰到好处的"少许"，当然也就炒不出那个味道来。名厨大师们的"一勺盐"，靠着经验、灵感、手感，最后达到的是称心。有人说，"少许是民间验方，是烹饪的魅力所在"，这话也不无道理。

"盐少许"中的"少"，对于执勺的厨师来说，也应具有限盐的警示作用，特别是在高血压等疾病高发的当下，餐饮企业提供的盘中餐，宜淡些，再淡些。这样，厨师手中的"一勺盐"，严格掌握"盐少许"，也就具有了"限盐勺"的作用，从"盐"开始，为顾客提供健康饮食服务。

当然，控盐行动并不影响"五味调和盐当先"。"盐当先"，是指盐在"咸、酸、苦、辣、甜"五味中的主体作用。一般菜肴，都是先入咸味，以咸为基本味。咸味调味品主要是盐，还有酱油、酱等。

盐不仅是首要的调味品，而且是人体组织中必不可少的矿物质。成人体内一般约含钠90克、氯85克，大部分存在于体液中，对肌肉的收缩、心脏的博动、血液的流通、神经信息的传递、碳水化合物和蛋白质的新陈代谢等，都具有重要作用。

在明末清初，有一位名叫李渔的剧作家兼戏剧理论家。在他看来，"世界好物，利在孤行。"他喜欢吃笋，并很有一些见解："此蔬菜中第一也"，"若以他物拌上，香油和之，则陈味夺其鲜，而笋之真趣改矣。”他主张吃笋以盐调味，就品笋的本味而言，添加香油反而影响其“香”。

通常来说，“灶台”不关“舞台”的事——“隔行如隔山”，可李渔却是个例外。他1611年出生于浙江兰溪，1680年病逝于杭州，是“人生古来七十稀”的古代长寿老人。他不仅把中国古典戏曲理论推上巅峰，在中国文学史上享有独特地位，而且在书法、篆刻、美容、烹饪等24个方面都取得了非凡成就。他的《闲情偶寄》，被誉为“古代生活艺术大全”。其中的“饮馔部”，生动地再现了明末清初的乡风食俗以及江南食话。

日前，笔者的一位朋友兴奋地说起李渔。2009年9月21日，北京大学校园里举办一个特殊的展览：主办者是一位来自浙江的80岁退休干部，他研究李渔50年，用50块图文并茂的展板展示李渔的生平事迹——李渔伟业展。这位文化老人办这个展览的目的，是想留在北大旁听，深入研究李渔。说及此事的这位朋友，是“不动笔墨不读书”的烹饪大师，他在《闲情偶寄》里圈圈点点，写写画画，居然也是李渔的“粉丝”。他说，厨师也应研究李渔。

李渔在《闲情偶寄》里特别强调“五味调和盐当先”。这个“当先”，也包括了盐在调味中的“无孔不入”：酸味中加入盐而不“咧烈”；辣味中加入盐而不辛辣；苦味中加入盐而不木；“要想甜，加点盐”，而且甜而不腻。

这也更说明了“盐是百味之王”、“不咸不得味”。

26

别用错了盐

在烹饪原料上撒些盐，预示着烹饪术的开始。在这里，有一个重要的前提，那就是选用健康美味的食盐。但是，用错了盐的食物中毒事件，却时有发生。

2008年4月10日，《新京报》转载《新安晚报》的文章：《厨师放错盐，百余学生中毒》。事发安徽省阜南县的一所民办小学，有130多名学生在该校食堂吃过午饭之后，相继出现难受、呕吐等食物中毒症状。有70多名学生被紧急送往医院救治。县卫生局当即组织医院、疾病防控中心的专家赶赴现场，及时查明了事因：厨师错把亚硝酸盐当成食用盐，炒入菜中，从而导致中毒。

在此事件发生的21年前——1987年6月13日，《科技日报》就曾发表过防止亚硝酸盐中毒的文章：《当心！别用错了盐》。文中说："近两年，北京市曾先后发生多起把亚硝酸盐误当食盐用，造成许多人中毒的事件。"

一般成人食用亚硝酸盐0.3~0.5克即可中毒，食用量过多，可致人身亡。误食亚硝酸盐的人，10分钟左右就会出现中毒症状。亚硝酸盐易吸湿，溶于水，颜色、形状、味道，也都和食盐相似，用错了也不易发觉。

防止亚硝酸盐中毒，必须提高对食盐和亚硝酸盐的鉴别能力。

外观检验：食盐和亚硝酸盐虽然都是结晶粉末，无挥发性气味，但细致观察之后，还是能发现两者的区别：亚硝酸盐一般是黄色或浅黄色的透明晶体，颗粒比较大，杂质比较多；食盐是不透明的，颗料比较细小。

用水检验：取 5 克试样放入瓷碗内，加入 250 毫升冷水，用玻璃棒搅拌，水温急剧下降，证明是亚硝酸盐。因为亚硝酸盐比食盐溶解时吸收热量大而快。

用高锰酸钾检验：取一粒蚕豆般大的样品，用大约 20 倍的水将其溶解，然后在溶液内加入一粒小米般大的高锰酸钾。如果高锰酸钾的颜色由紫变浅，证明该样品是亚硝酸盐；如果高锰酸钾的颜色不改变，该样品则是食盐。

亚硝酸盐，也称工业盐。在用错盐而导致食物中毒的事件中，还有错用农用盐的案例。

农用盐，以盐矿提出的卤水为原料，在平锅里熬制而成。由于生产工艺落后，没有经过真空灭菌、去除杂质、烘干等工序，产品杂质多，异味大，含有大量苦硝、铅、氯化镁等有害物质。

食盐与农用盐的鉴别，主要看色泽、滋味气味和杂质含量：

(1) 色泽：食用盐色泽洁白，有光泽；农用盐灰暗，无光泽。

(2) 滋味气味：食用盐味咸，无苦味，无涩味，无异味；农用盐苦涩，有异味。

(3) 杂质：食用盐无杂质，无沉淀物；农用盐杂质多，沉淀物多。

工业盐，农用盐，食用盐，虽然都是盐，但在使用时必须严格区分。

在烹饪实践中，别用错了盐，也包括食用盐的物尽其用。食盐是一个大家族，其调味作用不仅仅是“说咸道淡”，食盐种种，各有其用。

① 原盐。由沿海地区生产，利用自然条件晒制，多用于腌菜、腌鱼、腌肉等。

② 精制盐。以原盐为原料，采用化盐卤水净化、真空蒸发、脱水、干燥、包装等工序制成，广泛用于调味。

③ 粉洗精制盐。以优质海盐、湖盐为原料，经粉碎、洗涤、脱水、干燥、筛洗、包装等工序制成，便于食用。

④ 加碘盐。在食盐中添加一定剂量的碘酸钾。长期食用加碘盐，能防治碘缺乏病，对人体没有任何副作用。

⑤ 风味盐。以优质盐为载体，添加不同风味的调味料精制而成。配方合理，工艺先进，产品多样。例如：苔菜盐、五香盐、辣味盐、胡椒盐、香菇盐、芝麻盐、虾味盐、葱味盐、姜味盐、蒜盐、麻辣味盐、海鲜味盐等。

别用错了盐，也很有必要探讨一下钠盐和钾盐。《中国居民膳食指南》（2007）在“吃清淡少盐膳食”中特别强调：“不要忘记钾盐。”提起钾盐，笔者难忘 20 多年前拜访高士其的情形……

那是 1983 年 2 月 6 日，笔者来到北京医院 214 病房，拜访正在这里接受治疗的高士其。他看了笔者在报上发表了《盐之言》、《碘盐自述》等科普文章，给予热情鼓励。接着，高士其在稿纸上写道：“我对盐也很感兴趣，也想写一篇关于盐的故事。我们应当多吃钾盐，少吃钠盐。请你就这个意思写一科学小品，我就不写了。”

高士其写一个字，秘书给移动一下高士其笔下的稿纸。他写的这段话，如果不是当时就按照写字的先后顺序排列起来，现在很难知道哪个字接着哪个字了。我一直珍存着这次“笔谈”的墨迹。

当年高士其写的“应当多吃钾盐”，与最新版《中国居民膳食指南》（2007）中的“不要忘记钾盐”，都在强调同一门食品科学知识：钾是人体必须的元素，钾盐可部分代替钠盐。钾对血压的影响与钠相反，钾通过扩张血管和降低血管阻力来降低血压。防治高血压的饮食原则是低钠高钾。中国营养学会推荐，成人膳食钾每天适宜摄入量是2000毫克。

笔者在撰写此文的时候，对高士其怀有深深的敬意和怀念之情。谨以此文提醒读者“别用错了盐”——这也是高士其的嘱托：“请你就这个意思写一科学小品，我就不写了。”

27

一盐调百味

27 一盐调百味

盐和其他调味料一同使用，这是烹饪活动中常有的事，目的在于各种调味料相互作用，形成一种“五味调和百味香”的复合味。所以，厨师们很讲究巧用盐——“一盐调百味”。

咸味中加入微量醋，可使咸味增强，而加入醋量较多，则咸味减弱。反之，醋里加入少量食盐，可使醋味增强，而加入食盐量较多，则醋味减弱。

咸味中加入砂糖，可使咸味减弱；甜味中加入微量咸味，可增强甜味。

咸味中加入味精，可使咸味缓和；味精中加入少量食盐，可提升味精的鲜度。

用盐调味，不仅要严格掌握“好厨师，一勺盐”的食盐使用量，还应解决好放盐的时机问题。时机，是具有时间性的客观条件。

有人在炒锅放油之后放盐，有人在煸炒主料时放盐。这两种放盐方法，都不十分妥当。前者会使肉类原料不易成熟、蔬菜类原料过早出汤而损失营养；后者未能充分利用盐在高温下去除油中黄曲霉素的作用。炒菜最理想的放盐方法，应是两次放盐：在炒制菜肴主料之前，与油同时放进全部盐量的三分之一，菜肴快熟时再放进剩余的盐。

由于烹饪技法多，烹饪过程中的放盐时机也不能“一刀切”。

烹饪之前放盐。在原料加热之前，将盐放到原料里，原料就有了一个基本咸味，并能收缩。在采用炸、爆、滑熘、滑炒等烹饪技法时，都可结合上浆、挂糊，放入一些盐。因为采用这些烹饪技法时，主料被包裹在一层浆糊中，不易入味，应在烹饪之前放盐。荷叶粉蒸肉等菜肴在烹饪过程中无法放盐，也只能在蒸前放盐。烧鱼时，防止肉碎，也要先用盐或酱油擦一下，但用盐要少，距离烹饪时间要短。

烹饪过程中放盐。这是最主要的放盐方法。采用炒、烧、煮、焖、煨等烹饪技法时，都应在烹饪过程中放入大部分盐，减少早放盐对菜肴的渗透压，保持菜肴嫩松，营养不流失。

烹饪后放盐。加热完成以后放盐，多是以炸制技法为主制作的菜肴。炸好之后，撒上花椒盐等调味料。

总体来说，不能准确把握放盐时机，多数表现为“先放盐”。

烧肉，有人习惯先放盐，以为盐能溶解在肉里，菜的味道好。其实，盐的主要成分氯化钠能使肉中的蛋白质凝固。烧肉过早放盐，会使肉汁外溢，盐分子进入肉中，肉块体积缩小变硬，不易熟烂，味道也差。烧肉在快熟的时候放盐为好。

煮黄豆，也有人习惯先放盐。煮黄豆的盐水比清水浓，水不容易向黄豆里渗透，甚至出现水从稍稍发胖的黄豆中钻出来。黄豆中没有足够的水分，久煮不熟，味道也会起变化。

可见，放盐的时机，也是调味中一个不可忽视的环节。

实践证明，只要找准盐的用量和放盐时机，盐不仅能调制出人们所喜欢的味道，还有去除人们所不喜欢的异味。

荔枝用淡盐水浸泡，放入冰箱几个小时之后再吃，更味美解腻。

菠萝用淡盐水浸泡，能减少甚至去掉菠萝酸，美味消食，也不会出现过敏现象。

吃香蕉蘸淡盐水，口感更好。

苦瓜、萝卜等有苦味或涩味的蔬菜，切好后加入少量盐渍一下，滤汁后再烹制热菜，可减少苦涩味。

炒花生或瓜子，先把精盐倒入炒锅，炒至微热时，倒入花生或瓜子，翻炒至熟，然后用漏勺将盐筛出。盐传热快，炒得又快又干净，花生或瓜子也没有焦糊味。

炒剩饭时，饭里加少量盐，可除去饭中异味。

咖啡中放一点盐，能使咖啡增味，并能去除咖啡的苦味。

淡水鱼，特别是池塘里的鱼，有股土腥味。烹饪之前把鱼放入5%的盐水中浸泡，土腥味就可大大减弱。

洗肠、洗肚时，利用盐具有高度渗透作用的特点，可使肠、肚的胶原蛋白与肠壁、肚壁分离，易于去除邪味和清除污物。

用盐调味，有时还需要给过咸的原料退盐。对此，名厨大师果然更有窍门。

菜汤中放盐过多，太咸，放入一个洗净的土豆，煮上几分钟，咸汤就变淡了；干净的布袋里装入面粉或大米，扎紧后在汤中煮一下，也能吸收汤里的盐分，汤不再咸得难喝；还可以再切一点蔬菜，放入汤里煮熟，从而淡化汤的咸味。

过咸的鱼，用清水漂洗，以为这样就能使咸鱼所含的盐分溶解在清水中，其实这是个误区。根据物理学原理，将咸鱼浸入适当浓度的盐水之中，咸鱼体内的盐分就会往盐水里渗透——咸鱼变淡了。

哦，由咸变淡，有时也需要用盐来调味呢！

28

味精：第一代菜肴增鲜剂

28 味精：第一代菜肴增鲜剂

小品演员潘长江，身高1.6米，是家喻户晓的“袖珍男子汉”。“浓缩的都是精华”，这是潘长江的“自我幽默”，也是观众对他的赞许。2009年11月，由潘长江主演的喜剧片《大胃王》上演。人们在欣赏这部说吃道胃的喜剧片时，很容易想起那句“浓缩的都是精华”，并进一步联想到剧中美食的调味料——味精。味精，是鲜味的浓缩，也是第一代菜肴增鲜剂。

味精，顾名思义，味之精华。给味精取名的人，是一位工程师，名叫吴蕴初。他对日本生产的“味之素”很感兴趣，特意买了一瓶，对其进行研究。化验得知，“味之素”的鲜味，主要来自谷氨酸钠。一年之后，他终于提炼出10种白粉状的结晶，味道与日本的“味之素”无异。他想，最香的，叫香精；最甜的，叫糖精；那么最鲜的东西，不妨取名“味精”。于是有了中国式的“味之素”——味精。

在此之前，人类便有了发明味精的探索：1866年，德国化学家里豪森从小麦蛋白质的分解物中提取一种具有鲜味的物质，并把这种物质命名为“谷酸钠”。1908年，日本东京大学教授池田菊苗在海带里提取了谷氨酸，并研制出能提高菜肴鲜味的调味品，将其命名为“味之素”。

上海天厨味精厂，是我国第一家生产味精的工厂，建于1923年。

我国最早生产味精的时候，采用水解法。这种方法，可是个“吃粮大户”——使用35~40吨小麦原料，才能生产1吨味精。不仅耗粮多，成本高，而且腐蚀生产设备，污染环境。1964年，我国成功研制出发酵生产味精新工艺，基本解决了水解法带来的问题。如今，我国已成为世界上味精生产的第一大国。以玉米为原料，制成葡萄糖，加入磷、镁、钾等，再用谷氨酸生长菌发酵，生成含有5%~6%的谷氨酸发酵液，从中提取味精前体——谷氨酸；再将谷氨酸中和成钠盐，经脱色、除杂质、真空蒸发结晶、离心分离、筛选等一系列工序，便可生产出味精。

味精，有的优，有的劣，有的掺假。这就需要人们加以正确鉴别。

优质味精：从外观上看，颗粒形状一致，色泽白，有光泽，颗粒间呈散粒状态。取少量味精，放在舌头上，有冰凉感和鱼鲜味，很适口。稀释至1:100的比例，口尝仍能感到鲜味。

劣质味精：颗粒形状不均匀，颜色发乌，发黄，甚至有颗粒结块的现象。稀释至1:100的比例，感到苦、咸或甜，没有鲜味。

掺假味精：掺假物主要有食盐、淀粉、小苏打、石膏、硫酸镁、硫酸钠等。掺假味精色泽异样，颗粒不均匀，或粗糙，或过分滑腻。有的苦，有的甜，有的咸味大于鲜味，有的难溶化。

味精消费，也应注意识别假冒伪劣，选择优质产品。优质味精不仅是理想的鲜味调味品，也是很好的营养品。

目前市场上的味精，主要有三类：一是纯味精，或者标注“无盐味精”，谷氨酸钠含量99%以上；二是含盐味精，虽然味精中添加了食盐，但谷氨酸钠含量仍不低于80%；三是特鲜味精，也叫强力味精，味精中又加入了核苷酸钠等增鲜剂。

味精在大小饭店和百姓厨房里最为常见，应用最为广泛。2008 年第 2 次印刷的《学大厨调味》，在回答“鲜味调味料有哪些”时，共列出 9 种：“味精、蚝油、鱼露、鸡精、虾子、虾油、虾酱、蟹酱、蟹油”，味精名列第一。

人们食用味精以后，在胃酸的作用下，形成谷氨酸。这种谷氨酸，是参加脑代谢的唯一氨基酸，能维持和改进脑机能。谷氨酸及其衍生物，常被用作神经疾病患者中枢神经及大脑皮质的补剂，对神经衰弱、易疲劳、记忆力减退、神经性癫痫等疾病，具有一定的疗效。

如此说来，味精确实是个好东西。可是，关于味精的安全性问题，前几年也曾有过不小的议论和怀疑。时至今日，仍有人将信将疑。

加了味精就“清水变鸡汤”，有人认为这是不可思议的事情。一位吃素的老太太，无论如何不肯吃加了味精的东西。他说有人告诉她那是蛇肉蛇骨做的，否则怎能有那么好的味道？她越想越有理，遂坚信不疑。又有一位老先生，也认为味精是邪门歪道，只有鸡鸭煮出来的汤才是调味妙品。他吃面馆里的馄饨，赞不绝口，认为那汤是纯粹的高汤，既清且醇。直到有一天，亲眼看见厨师放进一小勺味精，他才长叹一声，有一向受骗之感。

食用味精是安全的。2009 年 3 月，中国发酵工业协会与国际谷氨酸技术委员会（ICTC）在北京联合召开专家会议，就味精的安全性问题进行交流和研讨。会上介绍了大量的科学实验过程和得出的数据，包括对动物进行的各种实验和针对不同人群所作的试验，最终得出一致结论：食用味精是安全的。据介绍，ICTC 成立于 1970 年，行业代表和专家来自中国、日本、美国及欧洲。该组织每年资助 5~10 个项目，主要从事谷氨酸方面的学术研究，并对谷氨酸的安全问题做出学术、规章制度等方面的反应。

科学研究和实验证明，根据一般食用习惯，只要适量食用味精就是安全的，而且在营养和保健方面对人体健康有益，关键在于如何科学合理地食用。

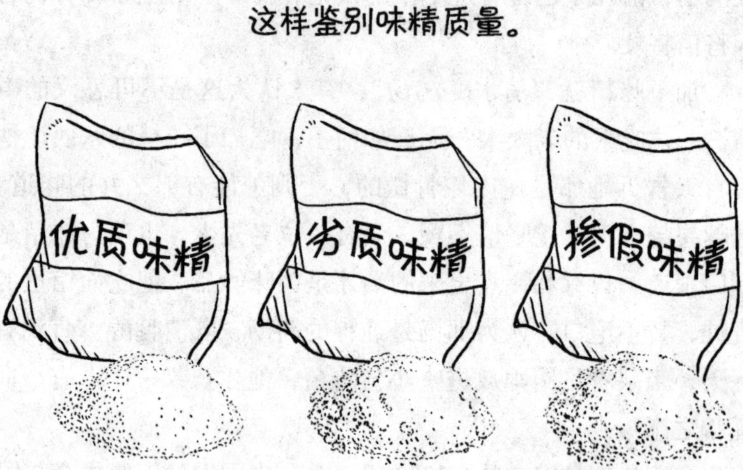

29

味精使用的宜与忌

味精是用来调味的。“欲求味道好，味精不可少”，味精在手，随手一放，就这么简单。其实，科学使用味精，既饱口福，又得营养，并非那么简单。如何使用味精调味，笔者查阅多种书籍和报刊资料，并进行核对比较，至少有以下十一点应在烹饪实践中予以注意：

一、用量要适当。味精含钠，过多摄入会导致高血压。患高血压、肾病、水肿等疾病的人，应少吃味精。过量食用味精，还会限制人体对钙、镁、铜等物质的利用。婴儿食用味精过多，会影响血液中锌的利用。还有研究表明，长期过量食用味精，可能导致人体视网膜变薄，视力下降，出现嗜睡、焦虑等现象。所以，不宜食用太多味精。成年人每天摄入味精不应超过5克。WHO规定，1周岁以下儿童食用的食品禁用味精。过量使用味精，不但起不到调味和增加营养的作用，反而会影响菜肴本味，产生一种似咸非咸、似涩非涩的怪味，菜肴很难吃。

二、温度要适当。味精在温度80℃~100℃时，易于溶解，并充分发挥其鲜味作用。温度超过100℃时，味精会发生变化而失去鲜味；温度超过150℃时，味精会形成焦谷酸钠而有一定的毒性。制作热菜，菜肴将要离火出锅时，是加入味精的最佳时机。制作凉菜，不宜直接将味精放入凉菜，而应用少量热水把味精溶解后，再拌入凉菜之中。这样，就不会因温度低味精溶解不充分而影响凉菜鲜度。

三、酸度要适当。味精在 pH 值为 6.5~7.0 之间的中性食品中味道最好。糖醋、醋熘等酸味大的菜肴，不宜使用味精。因为味精在酸性环境中不易溶解，酸性越大，溶解度越低，鲜味效果越差。

四、用咸不用甜。味精的鲜味在咸味菜肴和羹汤中显现突出，甜味食品不宜放入味精。甜味食品放入味精之后，不但没有增鲜效果，还会抑制甜鲜的本味，产生异味，口感不好。

五、含碱性原料慎用味精。味精遇碱会化合成谷氨酸二钠，产生氨水臭味。制作碱性食品需要使用味精时，应先加入少许食醋中和其碱性，防止谷氨酸二钠的生成。

六、强力味精与加热酱油同用。先将酱油加热到 80℃以上，再加入强力味精，增鲜效果明显。

七、鲜味食物不宜加味精。鸡肉、鱼肉、海鲜等食物，本身具有鲜味，就没必要再放入味精，“画蛇添足”，造成浪费。

八、高汤不宜加味精。高汤本身已具有鲜、香、清的特点，如果再加入味精，本味会被掩盖，菜肴口味也不伦不类。

九、炒鸡蛋不宜加味精。鸡蛋与盐加热后，会自然生成味精的主要成分——谷氨酸钠，使炒鸡蛋呈现纯正的鲜味。

十、调馅料不宜加味精。调馅料时加入味精，或蒸或煮，都会接受持续高温，从而使味精变性，失去调味作用。

十一、忌分娩 3 个月内的产妇和婴幼儿食用味精。味精中的谷氨酸钠通过乳汁或食物进入婴幼儿体内，会导致婴幼儿缺锌。

以上关于味精使用的宜与忌，就调味来说，目的是保鲜与增鲜。鲜，即鲜味，它是五味调和的最高境界，也是烹饪调味理论的最高追求。

鲜，原意指的是鱼。这不仅在《说文解字注》里有注释，在很多烹饪古籍中也屡见不鲜：

《老子》说："治大国如烹小鲜"，这个"小鲜"，就是鱼。

《抱朴子内篇·杂应》说："闻肥鲜之气，皆不能不有欲之中心。"这里的"鲜"，也是鱼。对肥鱼的鲜美，有谁能没有食欲呢？

《抱朴子外篇·逸民》又说："烹鲜之术"。这里的"鲜"，还是鱼。是讲烹制鱼的技术。

鲜，也成了美食的代名词。特别是明代以后，鲜或鲜味是评价美食的主要标准。

于是，在烹饪活动和饮食生活中，"鲜"字特别受宠：

使用"鲜"字的频率越来越高：时鲜，海鲜，新鲜，鱼鲜，提鲜，增鲜，保鲜，尝鲜……

寻找"鲜味"的路径越来越多：鸡汤的鲜味，大酱的鲜味，蚕豆瓣的鲜味，味精的鲜味、鸡精的鲜味、复合调味料的鲜味……

含有"鲜"字的菜名也随处可见：辽宁的鲜贝原鲍，上海的鲜肉猫耳朵，内蒙古的鲜奶螺旋酥；湖北的三鲜豆皮，北京的三鲜烧麦，河南的三鲜铁锅烤蛋……

30

天下第一鲜

鲜，《汉字的故事》讲到了它的来历：

在古代，东南沿海地区羊少鱼多，当地居民不知羊味；而西北高原地区正相反，少鱼而多羊，当地居民吃不到鱼。古人把两个地方各难得到的“鱼”和“羊”加在一起，创造出一个“鲜”字。讲这个故事的，是清初文学家屈大均，他还在《广东新诗》中写道：正因为两者都少，所以古汉语中的“鲜”，又有“少”的含义。

打开中国饮馔史，也有一个个关于“鲜”字的故事，而且以事说理：“欲寻味外味，味欲在其鲜。”

传说，厨师祖师爷彭祖的小儿子名夕丁，小时候爱捕鱼摸虾，彭祖恐其溺水，管之甚严，知之必怒责。一天彭祖出门，叫其夫人煮羊方午餐。夕丁趁机跑到河里，摸来一条大鲤鱼，回家央求母亲烹制。其母正煮羊肉，便把羊肉剖开，将鱼藏入，制熟之后，彭妻为了不让彭祖见到这鱼，与儿子一起吃掉。彭祖回家吃了羊肉，觉得异香，问明缘由后，如法烹制，果然鲜香非凡，便留下了千古名菜“羊方藏鱼”。鱼羊同煮，其鲜无比，便成了“鲜”字的本原。

传说，春秋时期，齐桓公的御厨易牙善调五味。他庖制的名菜“鱼腹藏羊”，是将鱼和羊合一而蒸，味道鲜美无比，腥膻味全消。这样，古人便将鱼、羊组合成“鲜”字。

相传，明朝正统年间，吴县洞庭东山出了个状元施槃，正统皇帝要招他做驸马。可他思念家有结发之妻张氏，宁死不肯。皇帝找借口将他打发回老家。张氏深为所感。施状元和张氏恩爱有加，做一百件事，有九十九件称心如意，只有一件事不是夫妻同好：施状元爱吃羊肉，不爱吃鱼，闻到鱼腥味就反胃；张氏恰恰跟丈夫相反，无鱼不下饭，唯独讨厌羊肉，闻到羊肉的膻味就恶心。吃不到一起，只好夫妻分灶吃饭。逢年过节同桌吃团圆饭，家里只好不买鲜鱼，也不买羊肉。这事传了出去，成为家喻户晓的“厨房新闻”。怎样才能让菜肴中的鱼肉没鱼腥味、羊肉没有羊膻气呢？好心人都积极想办法，好让状元夫妇平时也能同吃一锅菜。这时，有一个开过饭馆的王小二，几次到施状元家帮助办宴席，得知施状元“宁丢乌纱帽，不舍结发妻”，便不再喜新厌旧，与妻子破镜重圆，饭馆重张，又由穷光蛋过上了好日子。王小二一家都把施状元当作恩人，终于解决了众人解决不了的难题，烹制出的菜肴，有鱼却没有腥味，有羊却没有膻味。王小二把这道独创的菜，写成菜谱，送到状元府上。施状元夫妇按照这个菜谱用料和烹制，果然灵验，也就从此互不忌讳鱼肉和羊肉。此事又被传开，王小二的生意一天比一天兴隆，小饭馆变成了大饭店。施状元为了答谢，送上一块亲手书写的金字招牌：“两鲜斋”。“鲜”字，恰是鱼、羊结合，用在此处寓意深长。

相传，乾隆皇帝下江南时，扬州知府派人到沿海采购文蛤，精心炒制后，端上乾隆的餐桌。乾隆品罢，连连称“鲜”：“鲜，鲜，堪称天下第一鲜也。”即兴挥笔，御书“天下第一鲜”。文蛤因此名声大震，成为贡品。后来，人们又创制出以文蛤为原料的“文蛤饼”，民间盛赞“吃了文蛤饼，百味都失灵”。

这些传说，都是对鲜味的赞美。

提起研究鲜味的大师，不能不说到清代戏剧艺术家、生活艺术家李渔。他“履迹几遍天下”，遍尝各地美食，给后人留下了食文化的不朽之作。他在1万字的《闲情偶寄·饮馔部》中，使用鲜字多达36处：物料质地时鲜的有9处，鲜味的有25处，其他的有2处。李渔是我国历史上最早明确提出并全面论述鲜味味型的美食家。

在李渔之后，清代的袁枚深受李渔“鲜味论”的影响，对“味”也有着神奇的追求。袁枚在餐桌上“细咽欲寻味外味”。在他看来，这“味外味”，就是“别有酸咸世不知”的深层之味——“味欲其鲜”。于是，他在2万字的《随园食单》中，也高频率地使用“鲜”字，总计有40余处：说明原料质量新鲜的有10处；泛指味道的有18处；确指味道特点的有10处；其他的有5处。

从李渔的《闲情偶寄·饮馔部》到袁枚的《随园食单》，再到当今人们对鲜味食品的开发和理论研究，都足以证明鲜味在烹饪调味中的重要地位和作用。

鲜，字面上从鱼从羊，原料上水陆兼烹。诱人的鲜味，是一种基本味，能强化食物滋味，是促使人们对食物产生兴趣的关键因素。鲜味使人愉悦，让大脑控制下的丘脑和脑垂体分泌出对健康有益的激素，从而把人体的各种功能调节到最佳状态，有益于人体健康。

正是因为鲜味的极其重要，就有了“一招鲜，吃遍天”的说法。这说法还被延伸到味道之外。比如，职场上取得成功，要有自己的“一招鲜”，经营自己的强项。以厨师为例，客观、全面了解自己的个性、特长、潜力等，找到自己的“一招鲜”——强项。根据自己的“一招鲜”，找到适合自己的岗位和努力方向之后，不断掌握新知识、新技能，从而保证“一招鲜”的“鲜”度，强项就能更强。

如此说来，鲜是调味中的第一味，“一招鲜”则是职场上的第一位。

31

鸡精：有鸡还是无鸡？

31 鸡精：有鸡还是无鸡？

鸡精，这个名字起得很成功，再配以包装上的大公鸡，更容易给人这样一种感觉：鸡精——鸡的精华。其实，可能不是这么回事。我们来看看鸡精的成分：

鸡精的主要成分是味精。味精是单一的谷氨酸钠。鸡精中谷氨酸钠的含量在40%左右。

鸡精还含有用来形成颗粒状的淀粉、强化味精味道的增味核苷酸、糖、其他香料。

严格来说，鸡精里应该含有鸡肉粉、鸡油等鸡的成分。但是，为了降低成本，鸡精里可能没有鸡的成分。

如果鸡精里没有鸡的成分，那么鸡精中的“鸡味”是怎么来的呢？

原来，鸡精中的“鸡味”，是人们用氨基酸和还原糖在热条件下得到的“鸡味香精”。这“鸡味香精”也与鸡的成分没有关系，因为它不是原料的简单混合，而是复杂的混合物——“拉美德反应”——类似于煮肉、烤肉产生香味的过程，只要控制原料和操作过程，就可以得到不同的肉香味。

调味品专家说，鸡精中是否含有来自鸡的成分，完全取决于生产厂家，消费者基本上不可能通过产品来进行判断。

人们还容易产生误解：当看到“鸡精”和“鸡粉”这两个词时，误认为“鸡精”是纯度更高的“鸡粉”。其实，它们并不是一种东西。鸡粉里的鸡肉成分高，鸡粉的成本也高。

关于鸡精之“鸡”的报道，照录如下：

“鸡精是一种以新鲜鸡肉、鸡骨、鲜鸡蛋为基料，通过蒸煮、减压、提汁后，配以盐、糖、味精（谷氨酸钠）、鸡肉粉、香辛料、肌苷酸、鸟苷酸、鸡味香精等物质复合而成的具有鲜味、鸡肉味的复合增鲜、增香调味料。”

“鸡精是一种复合鲜味剂。它除了含有鸡肉粉、鸡蛋粉，又添加了水解蛋白、呈味核苷酸，还有一定比例的精盐和鸡油等。所以，除了味道更鲜之外，它也更富有营养。鸡精等新一代调味品的出现，可以说是食品工业发展过程中的一个里程碑。很多人已经开始把使用鸡精当作一件很时髦的事情。”

“大部分鸡精包装上都形象地画着一只肥鸡，或者写着‘用上等肥鸡制成’、‘真正上等鸡肉制成’等。其实鸡精并不是由鸡肉、鸡骨或其浓缩提取物做成的天然调味品。鸡精的主要成分是味精（谷氨酸钠）和盐。其中味精占到总成分的40%左右，盐占10%以上。另外还有糖、鸡肉或鸡骨粉、香辛料、肌苷酸、鸟苷酸、鸡味香料、淀粉等物质复合而成。”

鸡的成分，鸡精里有还是没有呢？看来，不能一概而论。面对这是是非非，有人想到了标准——给鸡精制定个“标准”，或许能走出这种“雾里看花”的尴尬。于是，有关部门花费3年时间制定了一个《全国鸡精行业标准》，对“鸡精调味品”作了这样的界定：“以味精、食用盐、鸡肉/鸡骨为粉末或其他浓缩抽取物、呈味核苷酸二钠及其他辅料为原料、添加或不添加香辛料或食用香料等增香剂，经混合、干燥加工而成，具有鸡的香味和鲜味的复合调味料。”对此“标准”，来自中国农业大学食品学院的专家不屑一顾，认为“它并没有解决让消费者判断鸡精是否含有鸡肉成分的问题，因此并不能发挥其引导消费和规范行业的作用。”

31 鸡精：有鸡还是无鸡？

就在报道鸡精“标准之争”的同一个月——2009年4月，中国消费者协会发出消费提示：奶精、鸡精、牛肉精等产品名称冠以“精”的做法侵犯了消费者的知情权、选择权、公平交易权，消费者选择时要看清成分配方表。

也就在笔者对鸡精的是是非非进行探究之时，报载：“据了解，禽流感首次在中国出现时，鸡精销售受到影响，一些鸡精生产企业召开发布会，请出专家证明：鸡精并不含‘鸡’的成分。广东省消费者保护委员会曾做过一次鸡精调味料的比较试验，一些品牌鸡精的确不含鸡的成分。”

据说鸡精在我国的普及量还很小。于是有人在报上发表文章《鸡精：换个方式卖卖看》，文中建议：“可以跟菜市场上卖鸡肉的商家谈好，联合做促销活动。例如消费者购买一只鸡，便赠送一小袋鸡精。从而更快接触到主要生活用品购买决定群体（原文如此），也能给予一个鸡精与活鸡联想起来的概念。”这个建议让人费解，鸡精里有没有鸡的成分能“联想”吗？

鸡精，给人的感觉有点乱。有调味专家指出，目前有三点是可以肯定的：

一、根据鸡精特有的风味、鲜味和营养，可称之为第三代味精。第一代味精的主要成分是谷氨酸钠；第二代味精是第一代味精与核苷酸按某一恰当比例混合后鲜度大增，取名“鲜味王”、“加鲜味精”、“特鲜味精”。

二、单一调味用味精，复合调味用鸡精。

三、鸡精的用法比较宽松，至少没见到哪个厂家提醒消费者应该在烹饪过程中的哪个环节添加鸡精。

32

从鸡肋之味到复合调味

32 从鸡肋之味到复合调味

鸡，以营养丰富、味道鲜美而著称于禽类烹饪原料之中，这说起来会很复杂。可是，曹操以鸡肋为例，只用了 8 个字：“食之无味，弃之可惜。”

历史进入 2010 年，曹操高陵在河南省安阳市被发现的消息引起了人们的热议。曹操作为中国最为知名的历史人物之一，再次引起了人们的兴趣。历史学家称曹操在政治、军事、经济、文学上都有卓越贡献。从事食文化研究的人们，则不时从口中吟出曹操《短歌行》中的诗句：“对酒当歌，人生几何？譬如朝露，去日苦多”，还会时常提起《三国志》中那个著名故事：曹操说鸡肋“食之无味，弃之可惜”。

那是在曹操和刘备两个军事集团争夺汉中之地最为激烈的时候，相持不下。曹操见连日阵雨，粮草将尽，又无法取胜，心正烦恼。这时士兵来问晚间的口令，曹操正呆呆地看着碗内的鸡肋，思考进退之计，便随口答道：“鸡肋。”

从此，“鸡肋鸡肋，食之无味，弃之可惜”的说法，广为流传。史书上也有这样的记载：鸡肋“食之则无所得，弃之则殊可惜。”这便成了“鸡肋无肉而味强”的生动诠释。

肉与味的价值本来不能分离，但在鸡肋上却分离出味的独立价值。可见，人们是多么在意“味”！

加强调味，便有了调味品。调味品在我国有着悠久的历史、丰富的知识、众多的品种。调味品专家将我国调味品划分为三代：

第一代：单味调味品。例如，盐、酱、醋、腐乳及辣椒、八角等天然香辛料，盛行时间最长，跨跃数千年。

第二代：高浓度及高效调味品。例如，味精、食用香精、食用香料等，从上个世纪70年代开始广为流行，直至如今。

第三代：复合调味品。例如，鸡精、大蒜精、营养盐、姜精油等，从上个世纪90年代起迅猛发展，不断细化，满足了消费者不同的调味需求。

目前，上述三代调味品共存，后两者的市场占有率呈逐年上升的趋势。我国复合调味品产业虽然取得了长足的发展，但与国际水平相比还大有潜力。下面，我们来分析一下复合调味品中的酱油。

酱油，最早的名字叫“清酱”。东汉时的《四民月令》中记载：“至六、七月之交，分以藏瓜。可作鱼酱、肉酱、清酱。”到了宋代，在《山家清供》记录的菜谱中，将“清酱”改为“酱油”。通过研究酱油的历史，可以得出这样的结论：最早的清酱是指以大豆为原料酿制而成，不是复合调味品；后来称为酱油，其实并不是油，在广东地区习惯地称其为“老抽”和“生抽”。

酱油是我国传统的、富有特色的调味品，营养丰富，味道鲜美，享誉海内外。许多文字记载证明，日本最早的酱油生产技术是从中国传入的。1990年出版的《味苑》在写及“中国酱油在国外”时，记录了这样一个情景：“日本龟甲万株式会社访华团在北京发言的第一句话就是：我们到酱油生产技术的‘祖师’家来了。日本朋友也确认酱油酿造技术源于中国。”

中国湖南的“龙牌酱油”曾夺得巴拿马万国博览会金奖。但是，由于缺乏品牌意识和市场拓展观念，竟慢慢地衰落了，至今仍让业内人士叹息不止。然而，日本的龟甲万酱油不仅成为日本酱油的第一品牌，产品还畅销 100 多个国家。龟甲万品牌酱油也称“万字酱油”。从上个世纪 90 年代初开始，“万字酱油”受到我国高档饭店和高档海鲜餐厅的欢迎。2009 年，由日本龟甲万株式会社、台湾统一企业集团公司、石家庄珍极酿造集团公司合资组建的统万珍极食品有限公司在石家庄市挂牌。据报道，这是中国北方最大的调味品企业，他们力争 3 年后将“统万珍极”打造成华北地区调味品行业第一品牌。

酱油被称为“美味香气的宝库”。它经历了由“清酱”到“酱油”的更名，又走上了“复合调味品”之路。以普通酱油为底物的各种复合酱油，集香辛料等多种原料于一体，酱香浓郁，酯香突出，感观指标和理化指标都比底物酱油有较大改善。长期食用，还能对胃肠疾病有较好的预防和食疗效果。

酱油的演变，也能折射出复合调味品开发的方向：一是强化功能型调味品：铁强化酱油；加碘、加锌、加钙的复合营养盐。二是针对各种菜系或特色菜肴设计的调味品：专门烹饪川、鲁、粤等大菜系的名肴调味品；专门用于拌菜、调面、烹虾、炸鸡的调味品；各种调味酱、火锅底料。三是从各种调味原料提取或深加工的调味品：肉类香精；大蒜精；姜精油；花椒精油。四是诉求“健康”的调味品：保健醋；蘑菇菌；药膳调味品。五是方便即食型调味品：辣酱；方便面调料；沙拉酱；炼乳。

33

品味调味品

33 品味调味品

在远古时代，人们抓食掬饮，只能尝到食物的本味，不知道调味，也就谈不上调味品。可以想见，在那个时代，只烹不调，饮食是单调的。

后来，人类社会有了陶器，用陶器“煮海为盐”。有了盐，也就开始有了调味品。

再后来，人们总结出日常生活的“开门七件事”：柴、米、油、盐、酱、醋、茶。这意思是说，不论贫贱富贵，人们从早上开门开始，一天的生活都离不开这七件东西。这七件东西中有五件是调味品：油、盐、酱、醋、茶，可见调味品在人们生活中所占的地位是多么重要！

如今，调味品已远远不止“油、盐、酱、醋、茶”这五种了。据不完全统计，目前用于中餐、西餐、清真餐的调味品加在一起，已达一千多个品种。琳琅满目的调味品，人们采取划类的办法加以区分：

一、根据人们的口味和习惯，将调味品分为3大类：1. 单味调味品；2. 基础调味品；3. 复合调味品。

二、根据调味品的性质、来源、加工方法分为7大类：1. 天然调味品；2. 原始香辛调味品；3. 化学调味品；4. 复合调味品；5. 核酸调味品；6. 酿造调味品；7. 西式调味品。

三、按调味品生产工艺分为4大类：1. 微生物酿造工艺生产的调味品；2. 水解工艺生产的调味品；3. 萃取工艺生产的调味品；4. 混合制作工艺生产的调味品。

四、按调味品用途分为 8 大类：1. 快餐调味品；2. 复合调味品；3. 方便面调味品；4. 火锅调味品；5. 海鲜调味品；6. 膨化食品调味品；7. 速冻食品调味品；8. 西式调味品。

不管如何分类，调味品都将在营养、卫生、方便、适口的基础上呈现多元化发展的格局，尤其是方兴未艾的复合调味品。面对林林总总的调味品，餐饮企业是怎么采购的呢？曾有媒体对此做过专门的调查，结果显示：

星级饭店：由厂家直接供应调味品。为了保证调味品的质量不出差错，星级饭店和大型连锁餐馆基本采用与调味品厂家签订长期供货合同的办法，由厂家直接供货上门。一般来说，档次越高的饭店，选购的调味品等级越高。

中档餐馆：到批发市场购买调味品。一般来说，中档餐馆会到批发市场购买调味品，进行严格挑选，购买名牌产品，有的还有相对固定的货源渠道。“老字号”餐馆和知名度较高的小餐馆，在调味品采购上和中档餐馆差不多。

路边店：什么调味品便宜买什么。一些小饭馆，特别是城乡结合部的小饭馆，有时也会从批市市场购买调味品，但没有固定品牌，哪种便宜买哪种。有时还会从流动商贩那里买更便宜的调味品。有的“便宜没好货”，在调味品里添加不可食用的化学增鲜成分，危害人体健康。

食品营养师和烹饪大师呼吁，各种调味品能少用就少用为好，提高菜肴质量，良好的口味和口感，还是要靠新鲜的食材和高超的烹饪技艺。

当然，现代烹饪是离不开调味品的。在使用调味品时，调好口味，保住营养，不能将各种调味品一股脑都倒进去，而应按照正确的顺序投放。通常，以这样的顺序为宜：糖→酒→

盐→醋→酱油→味精。

糖，能调和口味，增强色泽，突出风味，应在炒菜前加入。腌肉加糖，肉组织柔软多汁。

酒，能去除腥味和软化食物，宜在糖之后投放。

盐，烹制鱼汤等含蛋白质丰富的菜肴，宜在汤煮好快起锅时放盐。炒蔬菜，则可早点放盐。

醋，煮肉或煮土豆时，加入少量醋，味道更好。

酱油，不宜早放，因为要保存它特有的风味。

味精，在菜肴起出锅时投放，效果最好。

各种各样的调味品，如何保存，也很有学问：

新鲜调味品：葱、姜、蒜等，最好现买现吃。吃剩之后，用塑料袋包起来，存放于冰箱或常温地面上。风干的葱、蒜叶不影响食用。腐烂或生霉，不可食用。

调味粉：十三香、五香粉、花椒粉、胡椒粉等，都属于香辛料加工产品，含有大量挥发油类，容易发霉。应装入瓶子里，盖严拧紧，远离潮湿，存于干燥处。在保质期内使用。发现霉变，不可食用。

干货调味品：花椒、大料、香叶、干辣椒等，水分越多，温度越高，越易霉变。厨房灶台处正是“危险地带”。应密闭，存于干燥处。随用随取。用清水冲洗后使用。发现霉变，不可食用。

液态调味品：酱油、醋、油、辣椒油、花椒油、蚝油、料酒等，如果是瓶装的，用后将瓶盖拧紧即可；如果是袋装的，应倒入干净且干燥的瓶子里。应保存在远离灶火、通风、无日晒的地方。在保质期内食用。

酱类调味品：面酱、大豆酱、辣椒酱、豆瓣酱等，一般含水分60%左右，应将瓶盖拧紧后存放在冰箱里。在保质期内食用。

鸡精、味精、食盐：每次使用后应密封并存于通风处，防止受潮，但稍有结块并不影响内在质量。在保质期内食用。

用调味品调味，必须做到以下几点：

一、正确鉴别调味品的质量，使用质量合格的调味品。

二、了解调味品的性质和调味品之间的关系、变化、组合。

三、按照调味程序操作：基本调味、定性调味、辅助调味。

四、按照正确的调味方式操作。

五、掌握好调味品的使用时机。

总之，不论调味多么繁琐，都应认真细致，精益求精，做到“严而不死，活而不乱，各适其情，各尽其妙。”只有在“调”上下一番苦功夫，才能把“味”的完美展现出来。所以，调味非常精细而又巧妙，是安全性、技术性和艺术性都很强的工作。

附　　录

在单守庆“厨行天下”书系研讨会上的讲话（摘要）

孙启泰

中国商业出版社能有机会与中国食文化研究会、中国烹饪杂志社共同主办单守庆“厨行天下”书系研讨会，我感到很高兴。感谢各位专家、学者和《中国新闻出版报》、《中国商报》、《中国食品报》、新浪网、搜狐网等媒体对中国商业出版社图书的关注并光临本次研讨会。下面向大家介绍一下单守庆“厨行天下”书系的编辑、出版和发行情况。

“厨行天下”书系目前已出版3本书，即2007年8月出版的《烹饪刀工》、2009年4月出版的《烹饪技法》、2009年6月出版的《烹饪火候》。

《烹饪火候》和此前出版的《烹饪刀工》、《烹饪技法》，体现了“厨行天下”书系的五个特征：

一、作品的内在品质比较好，资料真切扎实。比如，在《烹饪刀工》写到剁肉、剁菜、剁饺子馅的“剁制刀工”时，引用并认为“《新华字典》的解释比较原则：‘用刀向下砍’”；随后，引用并认为“《中国烹饪百科全书》的解释则具体而又专业：‘将无骨原料制成泥茸状的一种刀法’”；文末又从专业书籍中找到答案：“剁，也称斩。”这样引用资料，可信度高，说服力强。

二、独特鲜明的文字风格，娓娓道来的清新笔触。“剁制刀工”的标题是：《刀口能剁，刀背也能剁》；《单刀能剁，双刀也能剁》；《剁：厨房里的乐章》。类似这样的标题，同时出现在一篇烹饪文章里，在以往的烹饪图书中没有先例，这种写法更能凸显作品的原创性。

三、文史兼备，从烹饪漫长的历史到今天的现实。《烹饪火候》以《烹饪的起点》开篇，从人类最初的烤制火候写到2008年《透过水煮鱼的“标准之争”看火候》，引领读者探究烹饪火候的古往今来。

四、以漫谈的形式书写烹饪科普文章，符合市场阅读趋势。《烹饪火候》中的文章标题，其实也是“烹饪火候谚语集锦”：蒸鲢煮鲫炖黄鳝；大火煮粥，小火煨肉；千滚不如一焖；贴是一面煎；热油旺火炒；急火速成熘，等等，喜欢烹饪的读者看到这些标题，就有亲切感，从而激发学习厨艺的兴趣。

五、具有较强的适用性、可操作性。《烹饪技法》的“腌”，开篇提到人们再熟悉不过的“腌白菜、腌萝卜、腌肉、腌鱼”等，接着指出“有人对腌菜不屑一顾”，误认为“不就是原料加咸盐吗?”然后指出腌“并不是那么简单”，有盐腌、糟腌、酱腌、醉腌、醋腌、糖醋腌，等等，最后推出腌制技法的代表菜。读者既能学到烹饪知识，又可以按照书里的菜谱做菜。

这个书系的责任编辑刘毕林，是中国商业出版社第四编辑室主任、副编审，也是在我们社工作20多年的资深编辑。他和单守庆先生对“厨行天下”书系的策划很精心，要求很严格，从而保证了较好的质量。在没做任何发行宣传的情况下，

“厨行天下”书系三本书的发行，一本比一本看好。

借这次研讨会的机会，也希望各家媒体多多关注和推介中国商业出版社的图书。作为具有烹饪图书出版传统的中国商业出版社，愿意为读者和作者提供更好的服务。

2009 年 7 月 19 日

集割烹清气　合天下大观

陈学智

自 2007 年起，单守庆撰写的“厨行天下”书系由中国商业出版社陆续出版，目前已出版《烹饪刀工》、《烹饪技法》、《烹饪火候》三卷。

单守庆先生对烹饪文化的研究颇为深入，所撰写的文章视角独到，深入浅出。正因为这样，他从 2003 年开始写作的单守庆“厨行天下”书系，具有鲜明的特点：

时尚性。单守庆“厨行天下”书系的时尚性，并不是指时尚的题材、时尚的包装，而是在我国源远流长的烹饪文化中注入时尚元素。一是新，就是写作方法新。单守庆“厨行天下”书系内容简介的第一句话就体现了“新”：“开烹饪图书‘漫谈’形式之先河，说古道今，纵横交错，谈经论艺，涉及烹饪技术、烹饪文化、名厨故事等方方面面，具有较强的知识性、实用性、系统性、趣味性。”二是异，就是用文学笔汇诠释枯燥的技术术语。单守庆“厨行天下”书系各篇文章的标题，一改过去教科书的模式，将技术有机插上了驰骋自由想象的翅膀，变得生动活泼而又形象耐读。例如，《烹饪刀工》中的《剁：厨房里的乐章》、《劈：刀工中的大手笔》、《旋：菜肴美容师》、《刮：刀工中的“与无声处听惊雷》。三是特，就是寓教与乐，点石成金。单守庆“厨行天下”书系不落当下“烹饪图书近乎于菜谱画册”的巢窠，而是每篇文章都配以切题的插图，阅读一篇文章，吸收烹饪知识和掌握操作技巧的同时，还会因为一幅略有夸张的配文插图带来深入理解后的幽默一笑，阅读也就变成了悦读。

实用性。单守庆“厨行天下”书系除了给读者传递知识、审美愉悦之外，还具有很强的实用功能。《烹饪刀工》从厨师怎样站案、怎样操刀、怎样运刀谈起，娓娓道来：《切，练刀工从这里开始》、《切：使用最多的刀法》、《切，窍门多多》，一番夹叙夹议的“切制刀工”漫谈之后，精选 3 道突出切制刀工的菜例附于文末。烹饪行业常用的 12 种主要刀法，都是这种体例。《烹饪技法》则从《烹饪技法知多少》谈起，接着谈《烹饪技法溯源》和《烹饪技法展望》，对烹饪行业的 50 种常用的烹饪技法，进行一一探究，每种烹饪技法后面，都有该技法的精典菜例。《烹饪火候》开篇便是《烹饪火候面面观》，随即强调《烹饪火候无小事》，从而展开《烹饪火候纵横谈》，所谈内容注重突出实用性。比如，“大火煮粥，小火煨肉”、“千滚不如一焖”、“热油旺火炒”、“急火速成熘”、“冷水下肉，开汤炖鱼”。如此种种，异彩纷呈，正所谓“操千曲而后晓声，观千剑而后识器”。

独特性。单守庆“厨行天下”书系的选题并非独特，是讲了几千年的老题材内容：切、片、削、剁等刀工；煎、炒、烹、炸等技法；大火、中火、小火等火候。但是，写法很独特。比如，《烹饪刀工》的封面语："一把菜刀，谈古论今，万种风情；一种刀法，一种说法，三个菜例；一册在手，刀工百科，刀下生花"；《烹饪技法》的封面语："五十种烹饪技法一一探究；五十篇美食文章一一展现；五十道精典菜肴一一亮相"；《烹饪火候》的封面语："大火中火小火，火候种种，在此评说；急火慢火飞火，火候种种，在此区别；看火听火抢火，菜肴种种，在此制作"。这些封面语，并非虚张声势的"广告词"，而是书中内容的高度概括和重要提示。读罢各书，再掩卷回首封面语，会得出"恰如其分"的结论，产生"书中有神，腕下生花"的感觉，获得鲜活的意象，生动的领略，直截的陶染。

通俗性。单守庆"厨行天下"书系把技术性很强的烹饪话题成功地转变为平实的大众话题、社会话题。从"刀工"到"技法"再到"火候"，以简驭繁，避免了难以看懂的专业性，也避免了缺乏实用性。这对于刀工、技法、火候三个烹饪专业来说，是具有权威性、实用性和可读性的工具书：源流考、作用谈、技巧多、文化深、实例准，尽在书中。因此，每本书都极其巧妙地将百般譬说也难以鞭辟其里的文化意境展现在我们的面前。这是对中国烹饪文化研究的新奉献。

延伸性。单守庆"厨行天下"书系的读者定位，是以职业厨师为主，还可以延伸到烹饪专业院校、烹饪培训班和烹饪爱好者，是一套具有"工具书"性质的专业参考书，也可以说是谈吃论喝的"枕边书"。不仅读者对象可以延伸，冠以单守庆"厨行天下"书系的名称之下，还可以继续出版《烹饪调味》、

《烹饪文化》等，具有开阔的写作空间，起到了点缀呼应，标眉举目的作用。

正因为上述五个特点，我认为单守庆“厨行天下”书系是食文化研究的一个新成果。因此，我为此书写了这样的赠言：“集调鼎割烹清气，合厨行天下大观。”

（原载《中国商报》，2009 年 7 月 31 日）

贺　信

单守庆“厨行天下”书系研讨会引起关注。著名食文化专家学者、中国烹饪大师、中国药膳大师、书画家发来贺电贺信、题词作画，以示祝贺。现将贺信选登如下：

南京旅游职业学院教授邵万宽的贺信

喜闻单守庆“厨行天下”书系研讨会的召开。单先生多年来倾心研究食文化，著述不断，今又推出“厨行天下”力作，深表祝贺！

多少年来，单先生对食文化的研究倾注了大量的心血，他笔耕不止，在报刊上常常见到他的研究成果。近几年来，对烹饪行业常用的刀工刀法、烹饪技法、火候运用一一探究，谈古论今、旁征博引、案例分析，给人以鲜活的意象。特别是把复杂的技能用通俗、趣味的语言形象地阐述明了，在传递知识的同时，给人以愉悦。“‘厨行天下’书系”的出版，是他对烹饪界的又一新的奉献。

四川烹饪高等专科学校教授杜莉的贺信

欣闻单守庆“厨行天下”书系研讨会在京召开。单守庆先生致力于食文化研究，多有研究成果，今又推出“厨行天下”书系，可庆可贺！

包括烹饪文化在内的食文化研究，日益发展和繁荣。为了食文化研究更好地服务于社会，造福于人类，举办类似的食文化研讨活动，有助于食文化研究在广度和深度上不断进取，并吸引更多有志之士为此而卓有成效地工作。

四川行政学院教授胡晓远的贺信

欣闻单守庆“厨行天下”书系研讨会在京召开，作为饮食文化研究的同行，我表示热烈地祝贺！

单守庆“厨行天下”书系的出版，能引起当前烹饪写作的一些思考：如何创新烹饪文章写作？如何提高烹饪文章写作质量？如何搞好烹饪技术与烹饪文学的嫁接？如何提高烹饪图书的原创性？如何加大烹饪图书的文化含量？如何增强烹饪图书的可读性、趣味性？等等。

祝单守庆在今后的创作中取得更好的成绩，推动烹饪文化的发展和繁荣，更好地服务于社会，造福于人类。举办类似的研讨活动，有助于食文化研究在广度和深度上不断进取，并吸引更多有志之士为此而卓有成效地工作。

后 记

《烹饪调味》这本书的一摞书稿，我又从头至尾品味了一遍，其间少不了加点什么，减点什么，字斟句酌，尽可能“调剂”得对味一些，能适合职业厨师和烹饪爱好者的阅读口味。终于结束了最后一页的修改，到了写“后记”的时候，我如释重负。

在此之前，我已在“厨行天下”书系的名目下写出《烹饪刀工》、《烹饪技法》、《烹饪火候》，自2007年8月起陆续出版。为此，中国食文化研究会、中国商业出版社、中国烹饪杂志社于2009年7月联合召开“厨天下书系研讨会”。与会的食文化专家学者、中国烹饪大师、中国药膳大师和餐饮企业家，都给予了肯定和鼓励，也提出了希望和建议。杭州、重庆、南京等地的烹饪专家特意为研讨会题词、作画、发来贺信。《中国食品报》、《中国商报》、《中国新闻出版报》和新浪网、搜孤网等媒体对研讨会进行了报道。这一切，都令我好生感慨：烹米为饭，煮字为书。同样的米，同样的水，同样的锅，有人煮来香味四溢，有人煮得夹生串烟。我自知“烹文煮字”的功夫不够，也就坚持“不到火候不揭锅”。

因此，如果不是中国商业出版社问及“书系”之事，《烹饪调味》这摞书稿，恐怕还会时常出现在我的案头，继续接受“文章不厌百回改”。

《烹饪调味》写于2009年2月至2010年2月，历时整整一年。接下来就是不厌其烦的修改了。

我原来没想到写烹饪调味也会如此吃力。因为我在报纸上发表的第一篇科普文章就是调味品——《盐之言》。从那时起，我已坚持业余写作30多年。在这期间，经常结合本职工作写一些关于调味品“说咸道淡”、“品酸评醋”的文字，有的公开发表了，有的作为资料，自己保存起来。到了写《烹饪调味》的时候，以为有资料储备，有写作经历，会“轻车熟路”，可是，真的按动键盘，却又“心中有，笔下无”，仍力不从心，正是“味之精微，口不能言也”。

其实，只要做起了码字这个活儿，就注定难得省力。记得，从前没有电脑，用笔写作，被称为“爬格子”，一个“爬”字，难倒多少人？吓走多少人？我能坚持走下来，与老一辈科普作家对我写作调味品科普文章的鼓励，有很大的关系。

趁本书出版之际，我将珍藏27年的高士其题词和他与我“笔谈”的文字，一并刊印在本书的前面，以表达对这位伟大的科普作家的敬仰和纪念之情。

称高士其为恩师的著名作家叶永烈，曾为我1999年出版的报告文学集《粮食行业漫步》写序，还多次赠送他的新著。也趁本书出版的机会，将叶永烈写序言时与我的合影照片刊印在本书的前面，以表达对他的敬意和谢忱。

正是在他们的影响和鼓励之下，我致力于饮食科普创作。这本《烹饪调味》，也力求成为读者喜欢的有知识含量的书：

调味里的传奇故事，名人名家的食味人生，别具风味的调味文化，华夏调味的智慧启蒙，传承千古的调味技法……

接下来，我将继续“厨行天下”书系的写作。

感谢中国商业出版社给予的鼓励和支持。

单守庆

2010 年 5 月 9 日

厨行天下书系

开烹饪图书“漫谈”形式之先河，说古道今，纵横交错，谈经说艺，涉及烹饪技术、烹饪文化、名厨故事等方方面面，具有较强的知识性、系统性、可读性、实用性。对于职业厨师、烹饪院校、烹饪爱好者来说，这是不可多得的参考书、工具书和“枕边书”。

厨行天下书系之一：《烹饪刀工》（第2版）

讲述烹饪行业12种主要刀法：切、片、削、剁、剞、劈、剔、拍、剜、旋、刮、食雕。一把菜刀，谈古论今，万种风情；一种刀法，一种说法，三个菜例；一册在手，刀工百科，刀下生花。

书号：ISBN 978-7-5044-5891-9
定价：32.00元

厨行天下书系之二：《烹饪技法》

讲述烹饪实践中的煎炒烹炸、蒸煮炖扒……五十种烹饪技法一一探究；五十篇美食文章一一展现；五十道精典菜肴一一亮相。

书号：ISBN 978-7-5044-6357-9
定价：28. 00 元

厨行天下书系之三：《烹饪火候》

讲述烹饪活动中的火候：大火中火小火，火候种种，在此评说；急火慢火飞火，火候种种，在此区别；看火听火抢火，菜肴种种，在此制作。

书号：ISBN 978-7-5044-6507-8
定价：28. 00 元

厨行天下书系之四：《烹饪调味》

讲述烹饪活动中的调味：酸味甜味苦味辣味咸味，五味在这里调味；主味辅味海味野味药味，百味在这里寻味；鲜味香味入味滋味风味，美味在这里回味。

书号：ISBN 978-7-5044-6956-4
定价：28. 00 元

厨行天下书系之五：《烹饪器具》

讲述烹饪器具：锅碗瓢盆盘碟刀叉铲勺壶罐筷；烹饪器具烹文煮史在这里评说；烹饪器具千姿百态在这里展示；烹饪器具巧使妙用在这里交流。

书号：ISBN 978-7-5044-8604-2
定价：32. 00 元